# 定位技术解问

周文红 黄 巍
严学纯 梁朝军◎编著



人民邮电出版社
北京

**图书在版编目（CIP）数据**

定位技术解问 / 周文红等编著. -- 北京 : 人民邮电出版社, 2014.12
ISBN 978-7-115-37710-4

Ⅰ. ①定… Ⅱ. ①周… Ⅲ. ①移动通信－定位系统－问题解答 Ⅳ. ①TN929.5-44

中国版本图书馆CIP数据核字(2014)第285166号

## 内容提要

本书以问答的形式对移动定位技术所涉及的问题进行了全面的梳理和描述，主要内容包括：GPS 定位技术原理、移动通信技术与 GPS 技术的结合——AGPS 的原理、移动定位业务流程、Wi-Fi 等新兴定位技术、北斗定位技术等。

◆ 编　著　周文红　黄　巍　严学纯　梁朝军
责任编辑　李　静
责任印制　程彦红

◆ 人民邮电出版社出版发行　北京市丰台区成寿寺路 11 号
邮编　100164　电子邮件　315@ptpress.com.cn
网址　http://www.ptpress.com.cn
北京铭成印刷有限公司印刷

◆ 开本：700×1000　1/16
印张：13　2014 年 12 月第 1 版
字数：162 千字　2014 年 12 月北京第 1 次印刷

定价：50.00 元

**读者服务热线：(010)81055488　印装质量热线：(010)81055316**
**反盗版热线：(010)81055315**

# 编　委　会

# 序

纵观当今世界，世界发展格局正面临深刻变革，信息产业成为新时期全球战略制高点，我国“十二五”规划把全面提高信息化水平，加快建设下一代国家信息基础设施，推动工业化和信息化深度融合，推进经济领域、社会各领域信息化列为其中的重要工作，加快我国作为创新型国家的建设步伐。

随着 3G 的普及、4G 时代的开启以及移动智能终端的发展，移动互联网产业进入前所未有的飞跃发展期，成为我国的战略性新兴产业之一，对社会生产、生活方式产生了深刻而久远的影响。前瞻产业研究院发布的《中国移动互联网行业市场前瞻与投资战略规划分析报告前瞻》数据显示，截至 2013 年年底，中国手机网民超过 5 亿，占比达到 81%。伴随着移动终端价格的下降及 Wi-Fi 的广泛铺设，移动网民呈现爆发趋势，移动互联网全面超越 PC 互联网，引领时代发展新潮流。

聚焦移动互联网这一战略性新兴产业，除了移动化、智能化的发展给人们的生活带来很大便捷、催生了很多新兴业务之外，移动互联网和传统行业的融合，必将改变传统的商业运营模式，提高社会生产效率。一方面移动互联网可以作为传统业务快速推广的手段，如电商、微信等行业 APP 或者推广平台，另一方面移动互联网也重构了传统行业的商业模式，如金融、医疗、教育、旅游、交通、传媒等领域的业务改造。

移动互联网，既可以看作是移动通信的互联网化，也可以看作是互联网的移动化，无论如何，个人化、移动化已经成为移动互联网的显著特征，随着手机作为载体开始搭载 GPS 功能，基站、Wi-Fi 等各种定位技术的发展，位置信息已经成为移动互联网中最为重要的特征，在 AppStore 前 500 位的应用当中，有近 1/3 的应用都使用了位置服务，可以说，位置服务已经成为移动互联网业务的标准配置。目前，位置业务已经覆盖了大众市场、行业和政府应用、国防安全等多领域，未来移动互联网与位置服务的融合必将更为深入，移动定位业务也将迎来更大的发展。

本书的作者从事定位业务运营维护工作多年，为帮助广大读者了解定位的相关概念、技术和应用，他们根据自身工作、学习中的心得编写了这本书，相信一定会成为研究和实践定位业务读者的有益参考。在写作形式上，本书以一问一答的较为新颖的写作形式进行内容阐述，既增强了论述的针对性和趣味性，又能够让读者快速、明确地定位到想要了解的内容，减轻阅读难度，提高阅读效率。

# 前言

从古至今，人类对于位置服务的渴求以及定位技术的研究从来不曾停歇。古代人民就学会了利用烟雾信号来确定位置和传递信息，利用日月星辰等天体位置指明方向，发明指南针为航海家们提供导航。20 世纪初，人们通过测量无线电信号的强度、时延等方法进行定位，定位准确性大大提高，GPS 系统的问世更是定位行业的里程碑事件，特别是 2000 年 5 月 1 日起停止对民用 GPS 信号的加扰后，民用 GPS 的定位精度达到实用化水平，GPS 基本上成为了个人定位的代名词。

21 世纪随着移动互联网的发展，GPS、基站、Wi-Fi 等各种定位技术的成熟和智能手机的出现，移动定位业务进入飞跃发展期，谷歌、百度、腾讯等互联网巨头纷纷建设位置服务能力平台并对外提供接口调用，众多的 APP 提供基于位置的应用使得 LBS 服务在中国发展壮大，围绕位置信息的生活服务和营销业务已经成为新的互联网经济发展重点。

本书从定位技术、位置服务产业链、定位服务应用以及定位业务运营维护四大方面，较为全面地对定位服务各领域的关键问题进行了论述。全书分为六篇：引入篇从定位技术和位置服务的发展历程开始介绍，将读者带入 LBS 世界，并概括介绍了典型的定位技术、国际标准以及位置服务给人们生活带来的影响；技术篇全面介绍了当前使用的各种定位技术，从定位原理、系统组成、定位算法、典型应用等方面进行阐述，并对各种定位技术的特点进行了总结比较；产业链篇全面介绍了位置服务产业链、各环节的角色、作用和影响以及位置服务产业链的发展状况、主流提供商以及服务能力；应用篇介绍了定位业务的分类方法，对行业应用和公众应用中的典型应用从功能、原理、架构和流程等方面进行了阐述；运营维护篇对定位业务关键指标、定位业务质量提升和排障思路、定位基础数据的维护和常见故障案例进行了介绍；总结篇对 LBS 的未来进行了展望。

本书的读者对象可涵盖参与研究、开发、设计、应用定位技术的相关从业人员，同时也可作为各类院校中开展该研究方向课程的参考书籍。

由于本书涉及面广，笔者知识水平和技术能力有限，书中难免有疏漏或不当之处，敬请广大读者和专家批评指正。

# 目录

# 【引入篇】

## 1. 什么是定位服务

“定位服务”也称为“位置服务”或“基于位置的信息服务”，来源于英文 LBS( Location Based Service )。早在 1994 年，美国学者 Schilit 首先提出了位置服务的三大目标：你在哪里（空间信息）、你和谁在一起（社会信息）、附近有什么资源（信息查询），这也构成了 LBS 最基础的内容。2004 年，学者 Reichenbacher 将用户使用 LBS 的服务归纳为五类。

（1）自我定位：通过 LBS 获取我的位置。

（2）路线导航：通过 LBS 获取从这到那的导航路线或者智能规划路线。

（3）信息查询：通过 LBS 查询具体的对象或信息。

（4）基于位置的识别：相当于知道了一个点，就知道这个点是什么或者这个点和什么东西相关。

（5）突发事件服务：当出现特殊情况时向相关机构发送带求救或查询的个人位置信息。

从技术角度，定位服务实际上是移动设备、定位技术、通信网络、服务与内容等多种元素融合的产物，因此不同技术领域的人员对定位服务有着不同的理解，就其本质来说是一种与空间位置有关的新型服务，通过一种或一组定位技术获取用户位置信息并将信息提供给用户本人、他人或通信系统，最终向用户提供位置相关的增值业务。它包括两层含义：首先是确定移动设备或用户所在的地理位置，其次是提供与位置相关的各类信息服务。

## 2. 定位技术的发展历史

定位技术是定位服务发展的重要基础，下面我们就来回顾一下人类定位技术的发展历程。

**烟雾信号：**公元前 11 世纪，从美国的印第安人到古代中国人，烟雾信号不仅可以用来寻找回家的路，而且还可传递信息。

**家鸽：**公元前 1000 年，某些品种的野鸽经过驯养，即使是在千里之外也能寻找到返家的路，主要用在信使服务和自我导航。

**天体导航：**公元前 10 世纪，人类就知道如何以太阳或星辰来判断纬度，直到 18 世纪中期，钟表商 John Harrison 发明了精密计时器后，人们通过追踪家与当前位置的时间变化计算出经度。

**指南针：**公元 1100 到 1200 年间，航海家们通过指向地球两极的指南针，最终确定前行方向以及纬度，后又逐步扩展到经度。

**无线电测量：**20 世纪初，通过测量无线电信号的强度，轮船、飞机和部队可以远距离估算自己的坐标。

**卫星 GPS：**GPS 系统建设始于上世纪 60 年代，至 90 年代中期部署完成，利用围绕地球转动的 24 颗卫星测量接收器的位置。附近的人造卫星发送带有时间戳的消息，然后接收器根据信息收发时延计算到每个卫星的距离，由此定位自身坐标。

**车载** GPS：20 世纪 90 年代，车载 GPS 导航系统是首款获得大众消费者青睐的专用 GPS 设备，是司机的必备工具，包括地图和导航功能。美国总统克林顿下令从 2000 年 5 月 1 日起停止民用 GPS 的 S/A（Selective Availability）政策，对民用码不加干扰，使民用 GPS 的定位精度达到平均 6.2 米的实用化水平，由此催生了车载导航的蓬勃发展。

移动定位技术的发展和融合：21 世纪初，手机作为载体开始搭载 GPS 功能，民用 GPS 受众得到巨大扩充。2007 年 1 月苹果手机横空出世，2008 年 9 月第一部安卓手机问世，从此智能手机进入快速发展期。一方面，智能手机允许第三方开发者调用手机定位模块，给手机定位应用的发展带来了巨大影响；另一方面，单纯依靠 GPS 定位不能满足人们对室内定位服务的需求，从基站定位到 Wi-Fi 定位，以及 RFID 定位、ZigBee 定位、蓝牙定位等多种室内定位技术发展，提供了更加精准的室内定位服务。在多种定位技术发展基础上，移动互联网巨头更是打造了基于卫星、基站、Wi-Fi 等多种定位手段的混合定位能力，为用户提供全方位的位置服务。

### 3. 位置服务产业的发展历程

从历史发展的角度看，位置服务伴随着定位技术发展的历程很早就已经出现，本问题主要从位置服务形成产业开始，介绍了近期 LBS 业务发展的几个重要阶段：

（1）第一个阶段是 LBS 胚胎期（20 世纪 70 年代—20 世纪 90 年代中后期）

从上世纪六七十年代美国建设 GPS 卫星系统开始，LBS 的应用就拉开了帷幕。GPS 的设计初衷是为陆、海、空三大领域提供实时、全天候和全球性的导航服务，并用于情报收集、核爆监测和应急通信等一些军事目的。这种情况下，定位以及基于定位结果的应用这两个概念已经诞生。

上世纪70年代，美国颁布了911服务规范，基本的911业务（Basic 911）是要求FCC（美国通信委员会）定义的移动和固定运营商实现的一种关系国家和生命安全的紧急处理业务，要求电信运营商在紧急情况下，可以跟踪到呼叫911号码的电话的所在地。而这个时候，第一代手机才刚刚可以投入运营，因此此时提及的定位主要针对有线的定位。

**美国E911法规：**1993年11月美国女孩詹尼弗•库恩遭绑架之后被杀害。在这个过程当中，库恩用手机拨打了911电话，但是911呼救中心无法通过手机信号确定她的位置。由于这个事件，导致美国的FCC（美国通信委员会）在1996年推出了一个行政性命令E911，要求强制性构建一个公众安全网络，即无论在任何时间和地点，都能通过无线信号追踪到用户的位置。美国通信委员会定义的无线E911主要有两个版本：第一个版本要求运营商通过本地PSAP（Public Safety Answering Point）进行呼叫权限鉴权，并且获取主叫用户的号码和主叫用户的基站位置；第二个版本要求运营商提供主叫用户所在位置精确到50～300m范围的位置信息，采用的定位技术包括基于移动基站的AOA（angle of arrival）、TDOA（time difference of arrival）、location signature（位置区标识）以及卫星定位。从某种意义上来说，是E911促使移动运营商投入大量的资金和力量来研究位置服务，从而催生了LBS市场的蓬勃发展。

（2）第二个阶段是LBS导入期（20世纪90年代末—21世纪初）

1999年，美国高通公司开始了专门针对无线设备的个人定位技术的研发，即gpsOne。它是一种基于基站定位的无线辅助AGPS，并且与CDMA网络特有的高级前向链路AFLT三角定位法有机结合，实现高精度、高可用性和较高速度定位。美国 Sprint PCS 和 Verizon 分别在 2001 年 10 月和 2001 年 12 月推出了基于 gpsOne 技术的定位业务。2001 年 12 月，日本的 KDDI 推出第 1 个商业化位置服务，日本的 LBS 市场产值在 2004 年就达到 5.5 亿美元。韩国的 KTF 于 2002 年 2 月利用 gpsOne 技术成为韩国首家在全国范围内通过移动通信网络向用户提供商用移动定位业务的公司。在我国，中国移动在 2002 年 11 月首次开通位置服务，如移动梦网品牌下面的业务“我在哪里”、“你在哪里”、“找朋友”，提供 STK 与 GPS 结合的定位解决服务；2003 年，中国联通在 BREW 平台上推出了基于高通公司 gpsOne 技术的“定位之星”业务，用户可以在较快的速度下体验下载地图和导航类的复杂服务；而中国电信和中国网通似乎也看到了位置服务的诱人前景，启动在 PHS（小灵通）平台上基于基站定位的位置服务业务。

在这个时期，LBS 普遍被应用于交通安全管理与应急联动领域开发相关的运输监控管理系统，如公交、出租、货运、长途客运、危险品运输、内陆航运等。但是由于当时移动通信的带宽很窄、GPS 的普及率很低，几大运营商虽然热情很高，但是整个市场并没有如预期顺利启动，在一个很长的时间反响平淡。

2004 年—2006 年期间，LBS 慢慢走向成熟，但是 LBS 的市场应用以及消费者对 LBS 的需求并不像互联网那么活跃，这一阶段的 LBS 以基于 GPS 的位置服务为代表，主要的产品有路线导航、位置监控、车载导航，其中车载导航发展到高峰阶段，但由于这个阶段的产品成本相对较低，涌现出了大量 LBS 服务企业，但大多数还处于小作坊的生产模式，竞争相当激烈，导致市场恶性竞争、服务质量差、投诉多等问题，同时由于产品缺少多样性，用户的需求并没有真正被激发出来。

（3）第三个阶段 LBS 飞跃发展期（2007 年至今）

这个阶段 LBS 应用得到快速发展，市场规模以每年 80% ~ 100% 的速度增长。

通信运营商、地图厂商、软件开发商、终端厂商等整个 LBS 产业链中的众多参与者都积极投入其中，有如下几个原因促使了 LBS 市场的快速发展：

1）定位技术的发展：无线技术和硬件设施得到完善，定位技术和方法也得到了有效的补充，特别是 Wi-Fi 定位技术的出现为 LBS 提供了更加宽广的发展空间。

2）互联网地图的发展：自 2005 年谷歌推出 Google Maps 后，互联网地图市场快速发展。互联网地图的发展给 LBS 应用注入了新的活力。基于互联网地图的位置服务给广大人民的工作和生活带来了极大的便利，并创造了越来越大的市场，典型的互联网地图有谷歌地图、百度地图等。

3）智能手机走进普通用户的视野：2007 年苹果手机问世、2008 年安卓手机问世，从此智能手机快速发展。智能手机允许第三方开发者开发程序，基于手机位置的应用大量出现，促进 LBS 应用发展。

4）移动网络的发展：2.5G（GPRS）、3G 及 4G LTE 给更多的用户带来了高速、低廉的网络流量体验，使得用户对数据网络的黏度越来越高，为包括 LBS 在内的互联网服务创造了越来越好的网络条件。

2007 年以贝多为代表的基于 LBS 的社交网络产品上线，2009 年在 Foursquare 等国外 LBS 网站成功试水的示范带动下，中国兴起了一股 LBS 热潮，到 2011 年上半年，国内的 LBS 公司一度多达五六十家。然而，进入 2011 下半年，LBS 行业用户积累困难，用户黏性不高，网站模式陈旧，盈利模式不清晰等问题开始逐渐显现。2012 年，随着 Foursquare 等签到网站的转型，国内 LBS 网站进入集体沉寂期。

随着谷歌、百度、腾讯等互联网企业建设位置服务能力平台并对外提供接口调用，众多的 APP 提供基于位置的应用使得 LBS 服务在中国发展壮大。例如微信的“查找附近的人”、“摇一摇”、“漂流瓶”这3个娱乐功能都融入了基于“LBS”的地理位置技术，其他应用如墨迹天气、网购货品实时跟踪等都融入了位置的因素。在2013年，有关移动互联网的合纵连横不断上演：百度已经形成完整的“一体化生活服务平台”生态链条，阿里巴巴全资收购高德地图，腾讯入股大众点评，打车应用寡头滴滴、快的各占半壁江山，高德和百度同时宣布其手机导航应用免费等。诸多事件充分表明，互联网巨头们正积极将位置服务概念整合进各自的业务中，围绕位置信息的生活服务和营销业务已经成为新的互联网经济发展重点。

导航定位协会2014年4月15日在京发布的《中国卫星导航与位置服务产业发展白皮书（2013年度）》显示，2013年，我国卫星导航与位置服务产业总体产值超过1040亿元。其产值相比2012年增加了28.4%。报告指出，北斗应用将迈上新台阶，互联网经济将开辟位置服务新局面。预计2015年产业年产值将达到2000亿元左右，位置服务产业已进入高速增长时代。

## 4. 定位技术与移动通信的融合给人们的生活带来了什么改变?

逛街累了想找一家附近的咖啡厅休息一会儿，开车到一个商业区想知道哪儿有空的停车位，网上买了件衣服想知道快递派送到哪里了，身为路盲却要开车去一个陌生的城市，发现一件漂亮的衣服想立马分享给朋友在哪儿买。如今想要解决这些问题相当简单，只要你有一台智能手机，装上相应的APP客户端程序就可以实现你的梦想!

定位服务是移动通信技术、空间定位技术、地理信息系统技术等多种技术融合发展到特定历史阶段的产物。目前各种定位业务已经深入应用到社会各行业以及普通百姓的生活中，给企业管理带来了巨大的帮助，让人们的生活方式

发生了巨大的改变。

定位服务主要分为行业应用和公众应用。对于行业应用来说，定位服务主要应用于政府机构、物流、警务、中小企业管理等领域。比如过去，货运公司想跟踪货物的位置极其困难，有时甚至是不可能的，而现在，随着通信技术的发展和 LBS 技术的广泛应用，货运公司可以通过 LBS 跟踪定位来实现对货物的遥控跟踪，保证货物能通过最佳路径、最优安排被准确及时运送，降低成本。司法监控可以对矫正人员的手持终端进行定位和互发短信，实现对矫正人员的有效的区域监管、越界告警、越界惩罚等。定位服务在公众领域的应用更是百花齐放，最早出现的是手机导航应用，高德、凯立德、灵图等等导航工具帮助你不再需要出行前辛苦预习制定行车路线；大众点评、翼周边等应用让你随时掌握周边美食、购物、酒店、团购、娱乐等生活信息，成为你的贴身生活助理；墨迹天气等天气预报 APP 会自动根据你身处的地区为你推送当地的天气预报；微信摇一摇，轻摇手机，微信会帮您搜寻同一时刻摇晃手机的人，帮助你结交新朋友。近两年流行的滴滴打车和快的打车更是为打车乘客和出租车司机量身定做，乘客可以通过 APP 就能看到周围行驶的出租车，对着手机说出所在位置及目的地就可以叫来出租车，司机也可以通过 APP 安全便捷地接生意，同时通过减少空跑来增加收入。

我们正步入移动互联网时代，移动互联网与定位技术相结合的应用将越来越深地融入到人们的工作与生活中，提供更加丰富多彩的服务。

## 5. 带给用户完善的位置服务体验需要哪些角色的参与？

定位服务的本质包括两层含义：首先是确定移动设备或用户所在的地理位置，其次是提供与位置相关的各类信息服务。第一层含义可以认为是位置服务三大目标中的“你在哪里（空间信息）”，依靠先进的定位技术保证服务质量。第二层含义可以认为是位置服务三大目标中的“你和谁在一起（社会信息）”以及“附近有什么资源（信息查询）”。两者结合使定位服务成为一项“增值业务”，被广大用户所接受和喜爱。

移动位置信息的提供除了获取经纬度之外，主要依赖地理信息系统（GIS）与电子地图提供展示和服务，同时电子地图上的 POI（Point of Interest）信息，为用户提供了丰富的扩展信息。

地理信息系统 GIS 是指具有采集、存储、查询、分析显示和输出地理数据功能，为地理研究和地理信息服务的计算机技术系统。电子地图和 POI 信息需要通过 GIS 系统展现给用户。从某种程度上讲，GIS 是 LBS 的基础，LBS 是 GIS 最好的应用。GIS 平台厂商主要有 ESRI、超图、中地数码。

电子地图是数字化和矢量化了的地图，电子地图由数据图层构成，是地理位置和服务信息的载体，是位置服务不可或缺的一个组成部分。全国具备甲级导航电子地图测绘资质的企业只有 12 家，在互联网上比较常见的主要是四维图新、高德软件、灵图软件、凯立德这几家。

POI 指的是地图上的兴趣点，是地图的重要属性之一。基础 POI 包括地点名称、类别、经纬度。深度 POI 是在基础 POI 的基础上，包括更多丰富的信息内容，例如餐馆评价、联系电话、商家打折信息、酒店房间价格等等。POI 提供商也非常多，例如四维图新、高德、图吧等。

## 6. 使用移动定位业务如何保护用户隐私?

用户位置信息用来描述用户的行踪，包括用户位置和采集时间，不法人员可以根据用户位置轨迹推断用户身份、住址、单位等等信息。因此 LBS 系统可能带来的安全隐患主要有敏感地区信息泄漏、用户位置泄漏、用户身份泄漏等。

2011 年 6 月安全公司 Webroot 发起的一项调查显示，1645 名美国和英国的在线用户中，55% 的人们担心隐私暴露问题，45% 的人们担心小偷会知道他们什么时候不在家。更有人断言，若不能很好地解决隐私问题，LBS 服务的发展将很快进入黏滞期。

2013 年 6 月，美国“棱镜门”的曝光在世界范围内引起了人们对个人隐私和国家安全的关注。2013 年 7 月 16 日中华人民共和国工业和信息化部令第 24 号公布《电信和互联网用户个人信息保护规定》，进一步完善了电信和互联网行业的个人信息保护制度。作为位置服务提供商，在为用户提供定位业务服务的同时必须考虑如何保护用户隐私。首先，位置服务提供商必须遵循法规，不能泄漏用户信息，更不能买卖用户信息。其次，在提供位置服务过程中，应该对定位权限和用户隐私进行严格管控。

按照定位请求发起者来划分，定位业务分为主动定位和第三方定位（即被动定位）两种，主动定位产品由用户发起，用户隐私的保护主要是在应用程序安装阶段进行管理，以安装手机应用 APP“腾讯地图”为例，安装界面会提示应用程序将获得“基于网络的大概位置”和“精确（GPS）位置”的权限，用户可选择确定并继续安装使用。第三方定位产品是从网络侧对用户发起定位，在定位过程中需要用户进行确认，定位服务提供商必须与用户达成协议，即通过白名单授权关系数据定义用户与定位发起者的绑定关系，定位平台收到定位发起者（SP，业务提供商）对用户发起的定位时，需先进行隐私鉴权后才能进行后续流程。

## 7. 定位技术标准的发展现状？

定位技术需要在移动设备和定位平台之间进行通信，为了实现这个目标，标准化组织 3GPP、3GPP2 和 OMA 制订了相关定位技术协议标准，推动了定位业务的发展。此外，随着近 10 年来众多室内无线技术的发展，互联网公司在室内定位方面推出了各自的解决方案，成为室内定位技术的事实标准。

（1)3GPP 定位标准

1）3GPP TS 44.031 无线资源定位协议（RRLP）

无线资源定位协议（RRLP）是空中接口（GSM）中用到的最重要的定位服务规范，它定义了定位服务中工作模式和定位技术中的相关协议，协议支持 A-GPS、A-GNSS、E-OTD 及混合网络，支持 A-GPS 的移动台辅助定位模式和基于移动台的定位模式，RRLP 第 8 版支持未来的 GNSS 系统。

2）3GPP TS 25.331 无线资源控制（RRC）协议

该协议是 UMTS/WCDMA 网络中的定位标准，与 TS 44.031 一样，它支持用户辅助定位模式 / 用户定位模式、A-GPS、A-GNSS 和 IPDL-OTDOA，该规范中“移动台”（MA）一词被“用户设备”（UE）代替。

3）3GPP TS 36.335 LTE 定位协议（LPP）

3GPP R9 除了定义 LTE 的定位技术，同时还定义了一种全新的定位协议 LPP（LTE Positioning Protocol），LPP 能够全面支持 LTE 中用到的定位技术，包括 ECID、A-GNSS 和 OTDOA，它还支持 A-GNSS+OTDOA 的混合（Hybrid）定位技术。

（2)3GPP2 定位标准

3GPP2 组织定义的 C.S0022-0 v3.0 双模式扩频系统的定位服务标准，这是 CDMA 网络空中接口中最重要的 A-GPS 标准，它取代了临时性 IS-801 标准，在非正式的引用中 C.S0022-0 经常被称为 IS-801。

C.S0022-0 定义了辅助数据、测量结果和定位协议，包括 A-GPS 和高级前向链路三角定位技术（AFLT）的内容。与3GPP标准类似，C.S0022-0支持辅助信息采集（手机辅助定位模式）和星历（基于手机的定位模式）两种辅助信息。

（3）OMA定位标准

开放移动联盟OMA的LOC工作组认为基于用户面（即通过移动网络数据通道来传递定位信息）的定位业务将是未来移动位置业务功能实现方式的主要发展方向，所以LOC工作组制订了SUPL（Secure User Plane Location，安全用户面定位）规范，SUPL与3GPP和3GPP2采用的数据格式相同，不同的是数据在用户平面传送。

目前主要的移动网络辅助的GPS定位技术都可以纳入这个架构。规范规定了通过用户层面承载定位相关辅助信息，以及网络和终端进行位置计算的技术架构和业务流程。目前SUPL规范已经发布了SUPL1.0，SUPL2.0，SUPL3.0三个版本，每个版本都在先前版本的基础上对支持的网络承载、定位协议、定位算法、服务及安装性进行了扩充。

（4）互联网厂家关于室内定位的相关标准

随着近10年以来Wi-Fi、蓝牙、ZigBee等近距离无线技术的发展，利用无线信号进行定位的技术成为解决室内定位难题的有效途径，但是目前还没有统一的室内定位标准的推出，众多科技巨头和互联网公司在室内定位技术方面开展了大量的研究，推出了各自的解决方案，成为室内定位事实的定位标准。例如Skyhook Wireless公司在开发Wi-Fi定位方面处于领军地位，通过探测Wi-Fi接入点并把它们与一个已知的地理位置点数据库进行比较，得出精确的位置信息。Skyhook Wireless也是苹果公司的合作伙伴，2008年iPhone/iPod touch 1.1.3版本Google Maps中提供的定位技术部分就来自于这家公司。在基于蓝牙的室内定位方面，苹果公司在2013年WWDC上推出一项基于蓝牙4.0（Bluetooth LE |

BLE | Bluetooth Smart）的精准微定位技术 iBeacons 处于技术前沿。

## 8. 目前有哪些比较典型的定位技术?

定位技术主要依靠无线信号的传播时差、信号强度以及信源标识等不同因素来进行定位。按适用范围来划分，定位技术可以简单分为室外定位技术、室内定位技术以及室内外都适用的定位技术。

典型的室外定位技术主要是卫星定位，最为熟悉和广泛的要数 GPS（Global Positioning System，全球定位系统）以及 A-GPS（Assisted GPS—辅助 GPS）定位技术。其他新兴的卫星定位系统主要有中国的北斗定位系统、俄罗斯的 Glonass 定位系统以及欧洲的伽利略定位系统。由于卫星信号容易受地形阻隔（如室内、大楼、山谷）的影响，卫星定位系统适用于室外开阔地区，不适用于室内定位。

十多年以来，为了解决室外定位导航“最后一公里”的问题，科技巨头和研究机构在室内定位技术方面开展了大量的研究。典型的室内定位技术代表有线无线局域网（Wi-Fi）、射频标签（RFID）、ZigBee、蓝牙（Bluetooth，BT）、超宽带无（UltraWideBand，UWB）线电等。

典型的室内外都适用的定位技术主要为基站定位技术，基站定位一般应用于手机用户，是一种利用电信运营商移动网络信号进行定位的技术，通过测算基站到手机的距离来确定手机位置。由于目前移动网络信号已经全面覆盖、用户数量大、定位技术对终端无特殊要求等原因，基站定位已成为一种定位速度快、应用范围广的定位技术。

# 【技术篇】

## ☞【卫星定位子篇】

### 1. 卫星定位系统包括哪些?

人们比较熟悉的卫星定位导航系统是美国的 GPS，但现在伴随着欧洲的 Galileo 导航卫星系统、俄罗斯的 GLONASS 导航卫星系统以及中国的北斗导航卫星系统的兴起，有了一个全新的名称全球卫星导航系统（GNSS—Global Navigation Satellite System）。而这四个卫星导航系统也成为了当前全球四大卫星导航系统。本篇将分别介绍这四个卫星导航系统的特点，重点介绍 GPS 和北斗卫星导航系统。

### 2. 什么是GPS系统?

GPS 是英文 Global Positioning System（全球定位系统）的缩写。GPS 起始于 1958 年美国军方的一个项目，1964 年投入使用。20 世纪 70 年代，美国陆海空三军联合研制了新一代卫星定位系统 GPS 。主要目的是为陆海空三大领域提供实时、全天候和全球性的导航服务，并用于情报搜集、核爆监测和应急通信等一些军事目的，经过 20 余年的研究实验，耗资 300 亿美元，到 1994 年，全球覆盖率高达 98% 的 24 颗 GPS 卫星星座已布设完成。如今，GPS 已经成为当今世界上最实用，应用最广泛的全球精密导航、指挥和调度系统。

GPS 系统的设想是用于从太空中已知位置的卫星测量未知的地面、海上、空中和空间的点位的测距和定位系统。GPS 全球定位系统由空间系统、地面控制系统及用户系统三大部分组成。GPS 的空间部分是由 24 颗卫星组成，它位于距地表 20200km 的上空，运行周期为 12h。卫星均匀分布在 6 个轨道面上（每个轨道面 4 颗），轨道倾角为 55° 。卫星的分布使得在全球任何地方、任何时间都可观测到 4 颗以上的卫星。地面控制部分由 1 个主控站、5 个全球监测站和 3 个地面控制站组成。监测站均配装有精密的铯钟和能够连续测量到所有可见卫星的接收机，监测站将取得的卫星观测数据传送到主控站。主控站从各监测站收集跟踪数据，计算出卫星的轨道和时钟参数，然后将结果送到 3 个地面控制站。地面控制站在每颗卫星运行至上空时，把这些导航数据及主控站指令注入到卫星。用户设备部分即 GPS 信号接收机。其主要功能是能够捕获到按一定卫星截止角所选择的待测卫星，接收和解调卫星参数，进行定位计算。GPS 的系统组成如图 2-1 所示。

## 3. GPS卫星信号使用的载频和伪码是什么?

GPS 系统采用典型的 CDMA 体制，这种扩频调制信号具有低截获概率特性，系统以码分多址形式区分各卫星信号。目前 GPS 系统是部分公开的，采用的伪码有 C/A 码、P(Y) 码。该系统主要利用直接序列扩频调制技术，采用

1.023MHz（C/A 码）和 10.23MHz P（Y）码两种速率的伪随机码在 L1 和 L2 频率上调制发射 50Hz 的导航定位信息，L1 和 L2 频率在和平时期是确知的，分别为 1575.42MHz 和 1227.6MHz。图 2-2 为 GPS 卫星信号生成方式示意图。

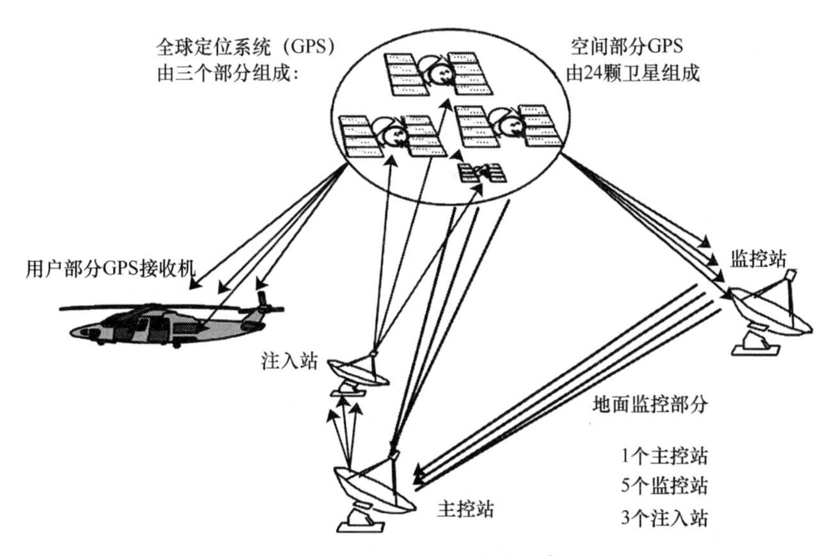


图 2-1　GPS 卫星系统组成

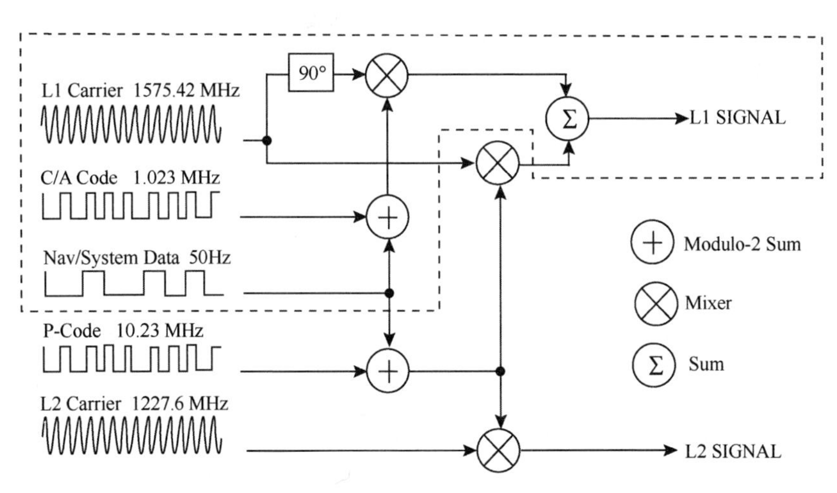


图 2-2　GPS 卫星信号的产生方式

其中，对于商业应用场景，我们只关心 L1 载波和 C/A 码。L2 载波和 P 码涉及军事应用。导航电文的码率是 50bit/s，其中包含卫星的星历、卫星时钟修正信息、卫星健康和状态信息等。

## 4. GPS信号的帧结构和报文是怎样的?

GPS 信号的帧结构如图 2-3 所示。

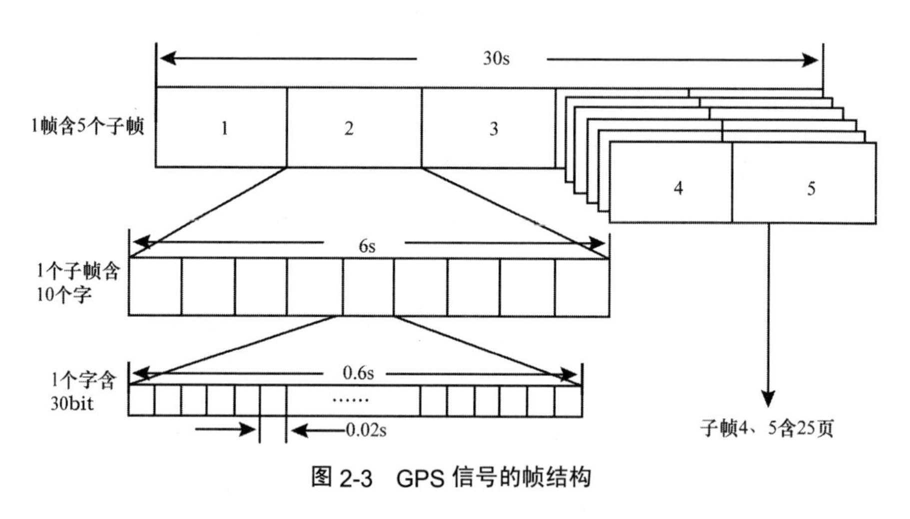


图 2-3　GPS 信号的帧结构

GPS 电文的基本单位是长达 1500bit 的一个主帧，广播速率为 50bit/s。每一主帧又分为 5 个子帧，每个子帧长度为 6s，第 1、2、3 子帧各有 10 个字码，每个字码为 30bit，第 4、5 子帧各有 25 个页面，它们不像第 1、2、3 子帧那样，每 30s 重复一次，而需要长达 750s 才能够传送完第 4、5 子帧的全部信息量，即第 4、5 子帧是 12.5min 才重复一次。这表明一台 GPS 信号接收机获取一个完整的卫星导航电文，需要 750s。

导航电文包括计算卫星位置的有关数据（卫星星历）、系统时间、卫星钟参数、C/A 码到 P 码的转换字及卫星工作状态。卫星向用户提供，用户将其应用于导航解算。这些数据是以二进制码的形式发送给用户的，故卫星电文又称为数据码，或称之为 D 码。

精确星历（Ephemeris）和粗糙星历（Almanac）数据。精确星历简称星历，提供卫星钟差、开普勒轨道参数和轨道摄动修正量，可由此求得卫星的地图坐标系地心坐标。粗糙星历简称历书，是星历的概略形式，仅包括开普勒轨道参数和钟差改正参数，为用户提供精度较低的卫星位置。虽然都是表示卫星运行轨道的参数，但是前者只包括当前观测到的卫星的精确位置，用于定位；后者包括全部卫星的概略位置，用于卫星预报。

GPS 卫星电文的基本内容如图 2-4 所示。

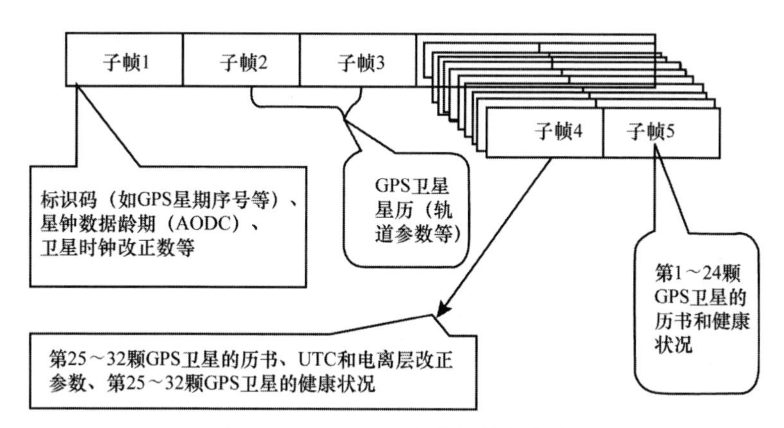


图 2-4　GPS 卫星电文的基本内容

每一个子帧的第一个字码都是遥测字，作为捕获导航电文的前导。其中所含的同步信号为各子帧提供了一个同步起点，使用户便于解释电文数据。

每一个子帧的第二个字码是转换字，它的主要作用是在测距时向用户提供 P 码的子码自一星期开始的周期计数 Z，以便于任一 6s 子帧结束时自 C/A 码转至 P 码捕获。

第一子帧的第 3–10 个字码为第一数据块。它的主要内容是：载波的调制波类型、星期序号、卫星的健康状况、数据龄期、卫星时钟改正参数等。

第二数据块包括第二、三子帧，它有卫星星历，星历数据提供 375 位修正的开普勒模型信息，用这些数据能估计出发射卫星的位置。

第四和第五子帧共同构成第三数据块，为用户提供其他卫星的概略星历、时钟改正和卫星工作状态等信息。子帧 4 还含有电离层模型和 GPS 时钟校正信息。历书数据使用户能选取一组配置最好的卫星，或者直接判定哪些卫星在视野内。用户利用码分址较快地捕获其他卫星信号及选择最合适的卫星。

## 5. 如何获知GPS卫星的精确位置？

首先，GPS 每颗卫星都被发送到准确的轨道，决定了每颗卫星的运行轨迹是已知的。GPS 系统中的地面监测站连续测量到所有可见的卫星，准确测量出它们的海拔、位置和速度，计算出卫星的轨道和时钟参数细微变化（星历）。一旦测量出一颗卫星的准确位置，地面系统把这些信息回送给卫星。然后这颗卫星就把这些细微的变化连同它的定时信息通过导航电文广播出去。

广播的导航电文包括了粗糙星历（Almanac）和精确星历（Ephemeris）等信息。其中精确星历描述了该卫星在短时间内的轨道预测数据，即卫星的位置。GPS 接收机就可以根据接收到的精确星历获取到某颗卫星的准确位置。

精确星历提供 375 位修正的开普勒模型信息，包含的信息有：轨道半径正弦调和改正项振幅，平近地点角速度的修正项，平近点角，升交点距的余弦摄动改正项之振幅，卫星轨道离心率，升交点距的正弦摄动改正项之振幅，轨道长半轴的平方根，GPS 卫星星历基准时间，轨道倾角的余弦摄动改正项之振幅，升交点赤经，轨道倾角的正弦摄动改正项之振幅，轨道的倾角，轨道半轴的余弦摄动改正项之振幅，近地点角距，升交点赤经变化率，星历的数据龄期 IODE。

## 6. 测量终端到卫星距离的基本原理是什么？

测量到一颗卫星的距离的基本思想其实就是我们熟知的方程“距离 = 速度 × 传播时间”。无线电波以光速传播，即速度是已知的。所以如果我们能准确地计算出何时 GPS 卫星开始发送无线电信息，何时可以接收到它，我们就知道它到达我们这儿需要多长时间。只要用那个时间乘以光速就得到了我们到卫星的距离。

测量 GPS 无线信号传播时间的一个关键是准确地计算出信号何时离开卫星。GPS 系统设计者的解决思想是：首先使卫星和接收机的时间同步，使它们在完全相同的时间内产生相同的代码；然后接收机要做的就是从卫星接收的代码，再计算多久之前接收机本身生成了相同的码，这个时间差就是信号抵达接收机的时间。

其实现方法为：GPS 卫星依据自己的时钟发出某一结构的测距码，该测距码经过 $\tau$ 时间的传播后到达接收机。接收机在自己的时钟控制下产生一组结构完全相同的测距码——复制码，并通过时延器使其延迟时间 $\tau'$，将这两组测距码进行相关处理，若自相关系数 $R(\tau') \neq 1$，则继续调整延迟时间 $\tau'$ 直至自相关系数 $R(\tau')=1$，表明接收机所产生的复制码与接收到的 GPS 卫星测距码完全对齐，那么其延迟时间 $\tau'$ 即为 GPS 卫星信号从卫星传播到接收机所用的时间 $\tau$。

假如驱动本地伪码的用户 GPS 接收机时钟（简称站钟）和卫星中产生伪码的时钟（简称星钟）完全同步，则测得的时差即为电波自卫星到用户的传播延时，相应于获得卫星与用户之间的真实距离。若星钟与站钟不同步，则测得的距离中含有时间误差导致的不精确成分，此时的距离称为伪距。

## 7. 如何测定终端接收机的精确位置?

通过上面的两个问题，我们知道了 GPS 接收机通过卫星伪距测量手段，获知卫星到接收机的大致距离；其次，接收机通过解调卫星广播的星历数据，获知卫星在空间中的准确位置。有了这两个条件后如何得到接收机的精确位置呢？答案是运用三角定位方法，将卫星作为参考点，利用三角测量确定接收机在地面上的位置。

首先，如果我们知道接收机离一个 GPS 卫星的距离，那么接收机就在一个以该卫星为圆心，半径为测得距离的一个假想球面上；通过 2 颗卫星的测量，我们可以将接收机的位置缩小到两个球面的相交圆上；通过 3 颗卫星的测量，我们可以将接收机的位置缩小到两个点。如何确定两个点中哪一个是我们真正的位置？一个方法是我们可以进行一个到第 4 颗卫星的测量来得到确切的位置点（如果知道接收机所处的高度，则可减少一次卫星测量，即可以由一个中心在地球球心，半径等于你到地球中心的距离的球面所代替）。另一个方法是利用计算机技术进行分辨，将两个点中那个荒谬的离地球很远的点剔除掉，这样的话理论上我们可以仅通过三颗卫星的测量得到答案。

但是三次测量要得到精确的位置计算有一个前提，即接收机和卫星的时间绝对同步，因为细微的不同步会使接收机测得的“伪距”误差相当大。接收机和卫星的时间偏差是一定存在的，那么通过什么方法来消除这种影响呢？三角学告诉我们如果三个完美的测量值将一个点定位于三维空间，那么 4 个不完美的测量值可以消除任何定时偏差（只要偏差是固定的），因此准确的三维测量需要四颗卫星（不将高度作为参考条件下）。

在实现上，GPS 接收机通过“4 个方程，4 个未知数”的计算来得到精确位置，如图 2–5 所示。

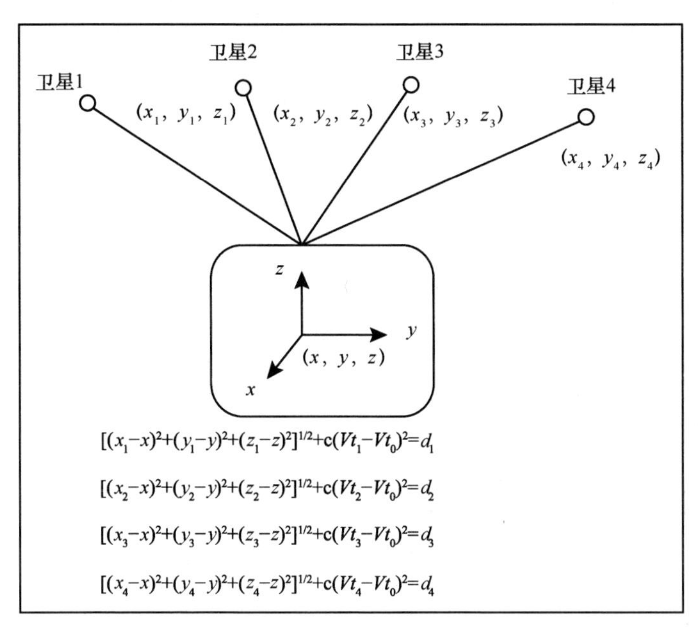


图 2-5　GPS 伪距计算公式

上述 4 个方程式中待测点坐标，$x$、$y$、$z$ 和 $V_{to}$ 为未知参数，其中 $d_i$( $i$=1、2、3、4 ) 分别为卫星 1、卫星 2、卫星 3、卫星 4 到接收机之间的距离（伪距）。c 为 GPS 信号的传播速度（即光速）。$x$、$y$、$z$ 为待测点坐标的空间直角坐标。$x_i$、$y_i$、$z_i$( $i$=1、2、3、4）分别为卫星 1、卫星 2、卫星 3、卫星 4 在 t 时刻的空间直角坐标，可由卫星导航电文求得。$V_{ti}$( $i$=1、2、3、4）分别为卫星 1、卫星 2、卫星 3、卫星 4 的卫星钟的钟差，由卫星星历提供。$V_{to}$ 为接收机的钟差。由以上 4 个方程即可解算出待测点的坐标 $x$、$y$、$z$ 和接收机的钟差 $V_{to}$。

收到更多的卫星信号可以提高定位精度。一般来说，完成卫星定位至少需要接收四颗卫星信号。当可用的卫星较多时，接收机对收到的多个有用信号进行组合运算，可有效避免因部分卫星信号的不稳而引入的误差，使得定位的结果更加精确。

此外，在现实中除了上述“钟差”引入的误差，还有其他如无线信号在电离层和大气层的传播延迟、多经效应等引入的细微误差，这里不再展开描述。

## 8. 多普勒效应对搜索卫星有什么不利影响?

多普勒效应是指由于发射器与接收机相对运动而产生的电磁信号频率偏移的现象。由于 GPS 卫星运动速度极快，会造成明显的多普勒频移。因此对伪随机相关性尖峰的搜索空间必须在时域和频域上同时进行，如图 2-6 所示。

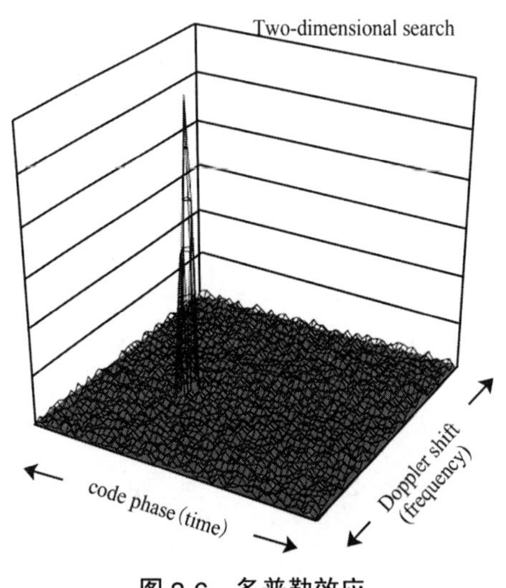


图 2-6 多普勒效应

two-dimensional：二维　code phase：码相位　doppler shift：多普勒频移

因此，多普勒效应会导致接收机捕获卫星信号难度的增加，进而导致捕获时间的延长。

## 9. GPS接收机可以测量速度吗?

GPS 接收机可以测量速度。接收机以一定的时间间隔不断刷新自己的位置，通过位置的变化（距离、角度），就能计算出上一个时间段的平均速率和方向。刷新间隔越短，速度的测量就越精确。

## 10. 什么是北斗卫星定位系统？

北斗卫星导航系统（BeiDou(COMPASS——指南针或罗盘)Navigation Satellite System）是中国正在实施的自主发展、独立运行的全球卫星导航系统。北斗卫星导航系统建设目标是建成独立自主、开放兼容、技术先进、稳定可靠的覆盖全球的卫星导航系统，促进卫星导航产业链形成，形成完善的国家卫星导航应用产业支撑、推广和保障体系，推动卫星导航在国民经济社会各行业的广泛应用。

该系统可在全球范围内全天候、全天时为各类用户提供高精度、高可靠性的定位、导航、授时服务并兼具短报文通信能力。其具备的特点有：

（1）混合轨道：北斗导航轨道是个特殊的混合轨道，可提供更多的可见卫星的数目，能支持更长的连续观测的时间和更高精度的导航数据。

（2）通信功能：北斗卫星导航系统和美国GPS、俄罗斯GLONASS相比，增加了通信功能，一次可传送多达120个汉字的信息。

（3）位置报告：用户与用户之间可以实现数据交换。北斗系统除了定位用户外，还可以将用户的位置信息发送出去，使用户想告知的其他人获知用户的情况。

（4）模式兼容：北斗全球定位系统功能具备与GPS、GALILEO广泛的互操作性。北斗多模用户机可以接收北斗、GPS、GALILEO发射的信号，并且实现多种原理的位置报告，稳定性更高。

## 11. 北斗卫星导航系统的发展可以分为哪几个阶段？

“北斗”卫星导航试验系统（也称“双星定位导航系统”）为我国“九五”列项，

其工程代号取名为“北斗一号”，其方案于1983年提出。我国结合国情，科学、合理地提出并制订自主研制实施“北斗”卫星导航系统建设的“三步走”规划：

第一步，从2000年到2003年，建成由3颗卫星组成的北斗卫星导航试验系统，成为世界上第三个拥有自主卫星导航系统的国家。

第二步，到2012年，发射10多颗卫星，建成覆盖亚太区域的“北斗”卫星导航定位系统（即“北斗二号”区域系统）。

第三步，到2020年，建成由5颗地球静止轨道和30颗地球非静止轨道卫星组网而成的全球卫星导航系统。

**发展历程：**

（1）1994年启动北斗卫星导航试验系统建设。

1）2000年发射2颗卫星，并完成实验系统。

2）2003年5月发射第3颗卫星（前2颗的备份星），由3颗卫星组成的北斗卫星导航试验系统，即北斗一代系统完成。

（2）2004年9月启动北斗卫星导航系统建设。

1）2007年4月北斗卫星导航系统中的第1颗也是首颗MEO（中轨道）卫星发射成功。

2）2009年4月北斗卫星导航系统中的第2颗也是首颗GEO（地球静止轨道）卫星发射成功。

3）2010年1月至2012年10月间，先后发射了第3至第16颗北斗卫星。2012年10月发射的第16颗卫星是我国二代北斗导航工程的最后一颗卫星。至此，北斗导航工程区域组网完成。

2011年12月27日起，北斗卫星导航系统开始向中国及周边地区提供连续的导航定位和授时服务的试运行服务。试运行期间位置精度达到平面25m、高程 30m，测速精度每秒 0.4m，授时精度达 50ns。

2012 年 12 月 27 日起，北斗系统在继续保留北斗卫星导航试验系统有源定位、双向授时和短报文通信服务的基础上，向亚太大部分地区正式提供连续无源定位、导航、授时等服务，其位置精度为平面 10m、高程 10m，测速精度每秒 0.2m，授时精度为 50ns。

## 12. 北斗卫星系统由哪几部分组成?

北斗卫星导航系统由空间段、地面站和用户段三部分组成，如图 2–7 所示。

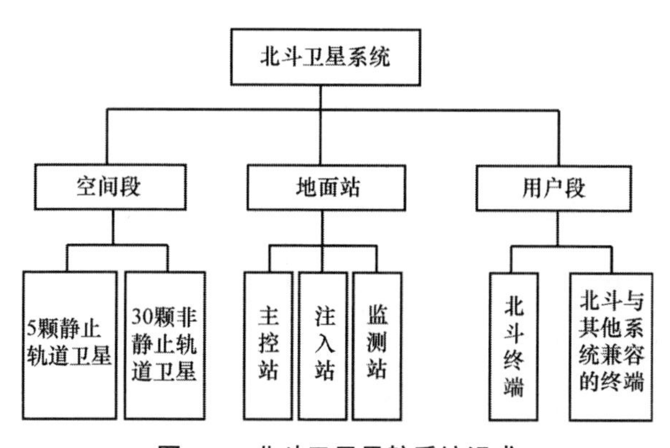


图 2-7　北斗卫星导航系统组成

（1）空间段

北斗卫星导航系统的空间段计划由 35 颗卫星组成，包括 5 颗静止轨道卫星、27 颗中地球轨道卫星、3 颗倾斜同步轨道卫星。5 颗静止轨道卫星定点位置为东经 58.75°、80°、110.5°、140°、160°，中地球轨道卫星运行在 3 个轨道面上，轨道面之间为相隔 120° 均匀分布。空间段卫星接收地面运控系统上行注入的导航电文及参数，并且连续向地面用户发播卫星导航信号。

地球静止轨道卫星用来实现有源定位服务（包括短报文通信功能）以及无

源定位服务。倾斜地球轨道卫星和中地球轨道卫星实现无源定位服务。

（2）地面站

地面段包括主控站、卫星导航注入站和监测站等若干个地面站。

主控站的主要任务是收集各个监测站段观测数据，进行数据处理，生成卫星导航电文和差分完好性信息，完成任务规划与调度，实现系统运行管理与控制等。

注入站的主要任务是在主控站的统一调度下，完成卫星导航电文、差分完好性信息注入和有效载荷段控制管理。

监测站接收导航卫星信号，发送给主控站，实现对卫星段跟踪、监测，为卫星轨道确定和时间同步提供观测资料。

（3）用户段

用户段包括北斗系统用户终端以及与其他卫星导航系统兼容的终端。系统采用卫星无线电测定业务（RDSS）与卫星无线电导航业务（RNSS）集成体制，既能像 GPS、GLONASS、GALILEO 系统一样，为用户提供卫星无线电导航服务，又具有位置报告以及短报文通信功能。

## 13. 北斗卫星的信号特征和基本参数如何?

系统在 L、S 频段发播导航信号，L 频段 B1、B2 和 B3 3 个频点上发射开放和授权服务信号：

B1： 1559.052 ~ 1591.788MHz

B2：1166.22 ~ 1217.37MHz

B3： 1250.618 ~ 1286.423MHz

北斗系统第二、三阶段信号如表 2-1、表 2-2 所示。

表 2-1　北斗系统第二阶段信号

| 信号 | 中心频点（MHz） | 码速率（cps） | 带宽（MHz） | 调制方式 | 服务类型 |
|---|---|---|---|---|---|
| B1（I） | 1561.098 | 2.046 | 4.092 | QPSK | 开放 |
| B1（Q） | | 2.046 | | | 授权 |
| B2（I） | 1207.14 | 2.046 | 24 | QPSK | 开放 |
| B2（Q） | | 10.23 | | | 授权 |
| B3 | 1268.52 | 10.23 | 24 | QPSK | 授权 |

表 2-2　北斗系统第三阶段信号

| 信号 | 中心频点（MHz） | 码速率（cps） | 数据/符号速率（bit/s） | 调制方式 | 服务类型 |
|---|---|---|---|---|---|
| B1-CD | 1575.42 | 1.023 | 50/100 | MBOC（6，1，1/11） | 开放 |
| B1-CP | | | No | | |
| B1-A | | 2.046 | 50/100 | BOC（14，2） | 授权 |
| | | | No | | |
| B2aD | 1191.795 | 10.23 | 25/50 | AltBOC（15，10） | 开放 |
| B2aP | | | No | | |
| B2bD | | | 50/100 | | |
| B2bP | | | No | | |
| B3 | 1268.52 | 10.23 | 500bit/s | QPSK（10） | 授权 |
| B3-AD | | 2.5575 | 50/100 | BOC（15，2.5） | 授权 |
| B3-AP | | | No | | |

（1）北斗时间系统

1）北斗时（BDT）溯源到协调世界时 UTC，与 UTC 的时间偏差小于 100ns。BDT 的起算历元时间是 2006 年 1 月 1 日零时零分零秒（UTC）。

注：协调世界时，又称世界标准时间或世界协调时间，缩写为 UTC，是最主要的世界时间标准，其以原子时秒长为基础，在时刻上尽量接近于格林尼治平时。

2 )BDT 与 GPS 时和 Galileo 时的互操作在北斗设计时间系统时已经考虑，BDT 与 GPS 时和 Galileo 时的时差将会被监测和发播。

（2）北斗坐标系统

1）北斗系统采用中国 2000 大地坐标系统（CGCS2000）。

注：2000 国家大地坐标系，是我国当前最新的国家大地坐标系，英文名称为 China Geodetic Coordinate System 2000，英文缩写为 CGCS2000。

2000 国家大地坐标系是全球地心坐标系在我国的具体体现，其原点为包括海洋和大气的整个地球的质量中心。$z$ 轴指向 BIH1984.0 定义的协议极地方向（BIH 国际时间局），$x$ 轴指向 BIH1984.0 定义的零子午面与协议赤道的交点，$y$ 轴按右手坐标系确定。2000 国家大地坐标系采用的地球椭球参数如下：

长半轴 $a$=6378137m

扁率 $f$=1/298.257222101

地心引力常数 $G_M$=3.986004418 × 1014$m^3s^{-2}$

自转角速度　ω =7.292l15 × 10−5rad $s^{-1}$

2）CGCS2000 与国际地球参考框架 ITRF 的一致性约为 5cm，对于大多数应用来说，可以不考虑 CGCS2000 和 ITRF 的坐标转换。

## 14. 北斗卫星导航系统的定位原理是怎样的?

（1）北斗一代

北斗一代运用了“有源定位”的方法。也就是说，导航仪需要向卫星发出信号，由卫星把信号传给地面站，再由它解算出导航仪的位置，之后发给导航仪。

首先由中心控制系统向卫星 I 和卫星 II 同时发送询问信号，经卫星转发器向服务区内的用户广播。用户响应其中一颗卫星的询问信号，并同时向两颗卫星发送响应信号，经卫星转发回中心控制系统。中心控制系统接收并解调用户发来的信号，然后根据用户的申请服务内容进行相应的数据处理。

对定位申请，中心控制系统测出两个时间延迟：即从中心控制系统发出询问信号，经某一颗卫星转发到达用户，用户发出定位响应信号，经同一颗卫星转发回中心控制系统的延迟；从中心控制发出询问信号，经上述同一卫星到达用户，用户发出响应信号，经另一颗卫星转发回中心控制系统的延迟。由于中心控制系统和两颗卫星的位置均是已知的，因此由上面两个延迟量可以算出用户到第一颗卫星的距离，以及用户到两颗卫星的距离之和，从而知道用户处于一个以第一颗卫星为球心的球面和以两颗卫星为焦点的椭球面之间的交线上。另外中心控制系统从存储在计算机内的数字化地形图查寻到用户高程值，又可以知道用户处于某一与地球基准椭球面平行的椭球面上。从而中心控制系统可最终计算出用户所在点的三维坐标，这个坐标经加密由出站信号发送给用户。

（2）北斗二代

北斗二代使用的是与 GPS 一样的“无源定位”。定位基本原理与 GPS 类似：空间段卫星接收地面运控系统上行注入的导航电文及参数，并且连续向地面用户发播卫星导航信号，用户接收到至少 4 颗卫星信号后，进行伪距测量和定位解算，最后得到定位结果。

同时为了保持地面运控系统各站之间的时间同步，以及地面站与卫星之间的时间同步，通过站间和星地时间比对观测与处理完成地面站间和卫星与地面站间的时间同步。分布在国土内的监测站负责对其可视范围内的卫星进行监测，采集各类观测数据后将其发送至主控站，由主控站完成卫星轨道精密确定及其他导航参数的确定、广域差分信息和完好性信息处理，形成上行注入的导航电文及参数。

## 15. 北斗卫星导航系统的应用情况如何?

北斗卫星导航系统已成功应用于测绘、电信、金融、国防、水利、渔业、交通、减灾和公共安全等诸多领域，产生了显著的经济效益和社会效益。其应用领域如表 2-3 所示。

**表 2-3　北斗卫星导航系统应用领域**

| 应用领域 | 系统应用内容 |
|---|---|
| 交通运输 | 重点运输监控管理、公路基础设施、港口高精度实时定位调度监控 |
| 海洋渔业 | 船位监控、紧急救援、信息发布、渔船出入港管理 |
| 水文监测 | 多山地域水文测报信息的实时传输 |
| 气象监测 | 气象测报型北斗终端设备，大气监测预警系统应用解决方案 |
| 森林防火 | 定位、短报文通信 |
| 通信时统 | 开展北斗双向授时，研制出一体化卫星授时系统 |
| 电力调度 | 基于北斗的电力时间同步 |
| 救灾减灾 | 提供实时救灾指挥调度、应急通信、信息快速上报、共享 |
| 军工领域 | 定位导航；发射位置的快速定位；搜救、排雷定位等 |

北斗卫星导航系统典型的应用案例有：

（1）车辆定位

2013 年 3 月底前，江苏、安徽、河北、陕西、山东、湖南、宁夏、贵州、天津 9 个示范省市区 80% 以上的大客车、旅游包车和危险品运输车辆，都要安装北斗导航系统的车载终端。这是我国北斗卫星导航系统专项启动后首个民用示范工程。该项目作为全国北斗应用的“试验田”，计划用2年时间，在9个示范省市区建设7个应用系统和一套支撑平台，安装8万台北斗终端。

（2）地质灾害监测

2013年北斗导航将对北京全市范围内的1141个地质灾害点，完成地质灾害监测预警全覆盖。北斗导航技术的地质灾害监测预警已在密云设立了32个监测点，作为北京市完成“全覆盖”前的示范工程。随着预警系统的建成和完善，北斗导航将能实现对5mm以上地面变动的监测和预警，让有关部门和市民提前做好防灾准备。

## 16. 什么是Glonass卫星导航系统?

“Glonass”是俄语Global Navigation Satellite System”（全球卫星导航系统）的缩写。作用类似于美国的GPS、欧洲的伽利略卫星定位系统、中国的北斗卫星导航系统。最早开发于前苏联时期，后由俄罗斯继续该计划。该系统主要服务内容包括实现全球定位服务，可提供高精度的三维空间和速度信息，也提供授时服务。

按照设计，格洛纳斯星座卫星由中轨道的24颗卫星组成，包括21颗工作星和3颗备份星，分布于3个圆形轨道面上，轨道高度19100Km，倾角64.8° 。

与美国的GPS系统不同的是GLONASS系统采用频分多址（FDMA）方式，根据载波频率来区分不同卫星（GPS是码分多址—CDMA，根据调制码来区分卫星）。每颗GLONASS卫星发播的两种载波的频率分别为$L1$=1，602+0.5625K（MHZ）和$L2$=1，246+0.4375K（MHZ），其中$K$=1 ~ 24为每颗卫星的频率编号。所有GPS卫星的载波的频率是相同，均为$L1$=1575.42MHZ和$L2$=1227.6MHZ。

GLONASS卫星的载波上也调制了两种伪随机噪声码，S码和P码。俄罗斯对GLONASS系统采用了军民合用、不加密的开放政策。

## 17. Glonass的覆盖范围和定位精度如何？

Glonass 已经于 2011 年 1 月 1 日在全球正式运行，其卫星导航范围可覆盖整个地球表面和近地空间。2014 年 6 月 15 日，俄罗斯一颗“格洛纳斯 -M”导航卫星成功进入预定轨道。这是俄罗斯今年发射的第二颗“格洛纳斯”导航系统卫星。俄罗斯“格洛纳斯”全球卫星导航系统目前在轨运行的卫星已达 30 颗。俄罗斯航天部门计划，年内再发射 3 颗。

俄罗斯近年来不断加快格洛纳斯卫星导航系统的部署，加快新一代通信卫星的研发制造及遍布世界各国的地面站建设。目前格洛纳斯卫星导航系统的导航精度约为 10m 以内，但随着新一代“格洛纳斯 -K”卫星对“格洛纳斯 -M”卫星的逐步更新及更多的地面站建成并投入使用，该系统的性能将在未来进一步提高。

## 18. Glonass的应用范围如何？

卫星导航首先是在军事需求的推动下发展起来的，GLONASS 与 GPS 一样可为全球海陆空以及近地空间的各种用户连续提供全天候、高精度的各种三维位置、三维速度和时间信息（PVT 信息），这样不仅为海军舰船、空军飞机、陆军坦克、装甲车、炮车等提供精确导航；也在精密导弹制导、C3I 精密敌我态势产生、部队准确的机动和配合、武器系统的精确瞄准等方面广泛应用。另外，卫星导航在大地和海洋测绘、邮电通信、地质勘探、石油开发、地震预报、地面交通管理等各种国民经济领域有越来越多的应用。GLONASS 的出现，打破了美国对卫星导航独家垄断的地位，消除了美国利用 GPS 施以主权威慑给用户带来的后顾之忧，GPS/GLONASS 兼容使用可以提供更好的精度几何因子，消除 GPS 的 SA 影响，从而提高定位精度。

2014 年索契冬奥会物流与交通中心项目应用了格洛纳斯管理各种运输方式，

包括铁路运输、公路运输、海运，俄罗斯首次为货运运营商和他们的客户开发了一个公用综合信息系统。为索契冬奥会承担运输任务的1300辆车安装了格洛纳斯设备，运用格洛纳斯技术控制中心可以在线监控车辆运行情况。

## 19. 什么是伽利略卫星导航系统?

目前全世界使用的导航定位系统主要是美国的GPS系统，欧洲人认为这并不安全。为了建立欧洲自己控制的民用全球卫星导航系统，欧洲人决定实施伽利略计划。伽利略卫星导航系统（Galileo satellite navigation system）是由欧盟研制和建立的全球卫星导航定位系统，伽利略系统的构建计划最早在1999年欧盟委员会的一份报告中提出，经过多方论证后于2002年3月正式启动。系统建成的最初目标时间是2008年，但由于技术等方面的问题，延长到了2011年。2010年初，欧盟委员会再次宣布，伽利略系统将推迟到2014年投入运营。

“伽利略”系统是世界上第一个基于民用的全球卫星导航定位系统，实现完全非军方控制、管理，可以进行覆盖全球的导航和定位功能。

伽利略卫星导航系统设计由轨道高度为23616km的30颗卫星组成，其中27颗工作星，3颗备份星。卫星轨道高度约为$2.4\times10^{3}$km，位于3个倾角为56°的轨道平面内。与GPS一样,“伽利略”系统卫星区分也采用码分多址技术，各卫星以相同的频率发射信号。系统的载波频段分别与GPS的L5和L1频段、GLONASS的L3频段重叠，以实现导航系统之间民用信号的相互兼容。

## 20. 伽利略卫星系统的部署状况如何?

欧洲伽利略全球卫星导航系统的首批两颗卫星于2011年10月21日从位于法属圭亚那的库鲁航天中心成功发射升空。2012年10月12日，随着欧洲伽利

略全球卫星导航系统第二批两颗卫星成功发射升空，该系统建设已取得阶段性重要成果。太空中已有 4 颗正式的伽利略系统卫星，将可以组成网络，初步发挥地面精确定位的功能。欧航局位于荷兰诺德韦克的技术中心成功通过伽利略系统进行地面经纬度和海拔高度定位，精度达 10 ～ 15m。

这 4 颗卫星将组成一个微型网络以对系统进行初步测试，并确保今后发射的该系统其他卫星能准确进入预定轨道，正常运转。已组网的这 4 颗卫星已首次提供导航服务。

欧洲航天局计划在 2013 年和 2014 年分别发射 3 次和 2 次“联盟”火箭，每次火箭携带两颗伽利略系统卫星。此外，欧航局还计划在 2014 年用一枚特别改造的阿丽亚娜火箭一次发射 4 颗伽利略系统卫星，2015 年再使用这种火箭进行 2 次发射。

## 21. 伽利略的应用范围如何?

“伽利略”系统按不同用户层次分为免费服务和有偿服务两种级别。免费服务包括：提供 L1 频率基本公共服务，与现有的 GPS 民用基本公共服务信号相似，预计定位精度为 10m；有偿服务包括：提供附加的 L2 或 L3 信号，可为民航等用户提供高可靠性、完好性和高精度的信号服务。但是伽利略目前阶段只有 4 颗卫星在轨，尚处于在轨验证试验卫星的发射试验的阶段，只能提供有限的导航服务，远未达到广泛应用阶段。

## 22. 几种卫星定位技术有何区别?

通过本章节的前几个问题，作者向大家介绍了当今四大卫星导航系统，从系统组成、定位原理、系统特征、覆盖范围、应用场景等几个方面分别进行了阐述，现在对四大卫星导航系统之间的主要特征和区别做一个总结，如表 2-4 所示。

表 2-4　卫星定位技术比较

| 比较类目 | 北斗 | GPS | Galileo | GLONASS |
| --- | --- | --- | --- | --- |
| 建设国家/地区 | 中国 | 美国 | 欧盟 | 俄罗斯 |
| 卫星数目 | 5 GEO +30 MEO | 24 MEO | 30 MEO | 24 MEO |
| 卫星轨道（km） | GEO MEO 21500 | MEO 20230 | MEO 23222 | MEO 19100 |
| 轨道平面数 | 3 | 6 | 3 | 3 |
| 轨道倾角（度） | 55 | 55 | 56 | 64.8 |
| 运行周期 | 12H55M | 11H58M | 13H | 11H15M |
| 普通用户定位精度（m） | 10 | 10 | 10 | 10 |
| 通信 | 是 | 否 | 是 | 否 |
| 所用频段数目 | 3 | 2 | >=3 | 2 |
| 信号 | CDMA | CDMA | CDMA | FDMA |
| 覆盖范围 | 目前已覆盖亚太地区，最终覆盖全球 | 全球 | 全球（未建成） | 全球 |
| 定位原理 | 北斗一代导航系统是主动式双向测距二维导航。北斗二代采用与GPS相同的被动测距导航 | GPS是被动式伪码单向测距三维导航。由用户设备独立解算自己的三维定位数据 | 定位原理与GPS相似 | 定位原理与GPS相似 |

续表

| 比较类目 | 北斗 | GPS | Galileo | GLONASS |
| --- | --- | --- | --- | --- |
| 坐标体系 | 中国2000大地坐标系（CGCS2000） | 世界大地坐标系WGS 84 | GTRF | 前苏联军事测绘部建立的大地坐标框架PZ 90 |
| 时间系统 | 北斗时（BDT）溯源到协调世界时（UTC）（NTSC），与UTC的时间偏差小于100ns。BDT的起算历元时间是2006年1月1日零时零分零秒（UTC） | 1980年1月6日0时美国海军天文台华盛顿的协调世界时UTC（USNO） | GST（Galileo Time），国际原子时TAI保持一致 | SCT（System Common Time）基于莫斯科的协调世界时UTC（SU），并具有同步跳秒的系统 |
| 用户范围 | 军民两用 | 军民两用 | 民用为主 | 军民两用，军用为主 |
| 应用 | 随着网络的完善用户在增加 | 较早，非常充分 | 刚开始建设，因合作者众多，前景看好 | 不充分 |
| 优势 | 它同时具备定位与通信功能，不需要其他通信系统支持；自主系统，安全、可靠、稳定，保密性强，适合关键部门应用 | GPS定位系统提供全球全天候定位服务，定位精度较高，胜在成熟，目前应用最为广泛 | “伽利略”系统是世界上第一个基于民用的全球卫星导航定位系统，实现完全非军方控制、管理，可以发送实时的高精度定位信息 | 格洛纳斯每个卫星对应不同频段，抗干扰能力强。军民合用，不加密开放 |

# ☞【基站定位子篇】

## 1. 什么是基站定位技术?

简单来说，基站定位是指在移动蜂窝网络中根据手机当前所处的服务小区及周边相邻小区的基站天线位置，结合手机测量到的与基站信号时延、信号角度、信号强度有关的测量值，通过一定的算法来确定手机当前位置的定位技术。

## 2. 目前常见的基站定位技术有哪些?

基站定位技术可以分为简单型基站定位和增强型基站定位两类。简单型基站定位通常为单基站定位。增强型基站定位一般需要手机向定位平台上报一系列的空口测量值，例如信号时延、信号强度、信号角度等，以实现更加精确的定位。目前常见的基站定位技术主要有以下几种。

（1）CELL-ID 定位

CELL-ID 定位是一种单基站定位，即根据设备当前连接的蜂窝基站（服务基站）的位置来确定设备的位置，通常以服务基站扇区中心经纬度（加上一个偏移量）来表示手机位置。很显然，单基站定位的精度取决于蜂窝小区的半径，基站越密集，定位精度就越高，反之则越低。在基站密集的城市中心地区，小区覆盖范围小，这时定位精度可以达到 50m 以内；而在其他地区，可能基站分布相对分散，小区半径较大，可能达到几千米，也就意味着定位精度只能粗略到几千米。

单基站定位是所有移动网络中最简单应用最广泛的基站定位方式。在单基站定位的基础上，可以利用多个基站位置信息来提高定位精度，比如 CDMA 网络中的 MCS( Mixed Cell Sector ) 定位算法为多小区中心算法，终端检测到周边多个小区后，选取信号强度比较好的小区，通过加权平均算法，确定出多个小区组合区域的中心位置，作为定位结果输出。

（2）TOA/TDOA/OTDOA 定位

TOA( Time of Arrival，到达时间 )、TDOA( Time Difference of Arrival，到达时间差 )、OTDOA( Observed Time Difference of Arrival，观察到达时间差 ) 都是基于电波传播时间的定位方法。

TOA 是一种基于上行链路的定位方法，通过测量移动台信号到达多个基站的传播时间来确定移动用户的位置。只需测量 3 个基站接收到移动台的信号，得到信号时延 $T_i$( i=1，2，3）后，由 $T_i \times c$ 得到设备到基站 i 之间的距离 $R_i$，就可以利用三角定位算法计算出移动台的位置。如图 2-8 所示为基于上行链路的 TOA 定位原理。其中，BTS1、BTS2、BTS3 分别表示参与定位的三个基站，其地理位置已知，MS 表示移动台，$R_1$、$R_2$、$R_3$ 是根据相应基站的 TOA 计算出的移动台和相应基站距离的估计值。分别以 $R_1$、$R_2$、$R_3$ 为半径，相应基站位置为圆心的 3 个圆周的交汇处即为移动台的位置，此即为圆周定位方法。

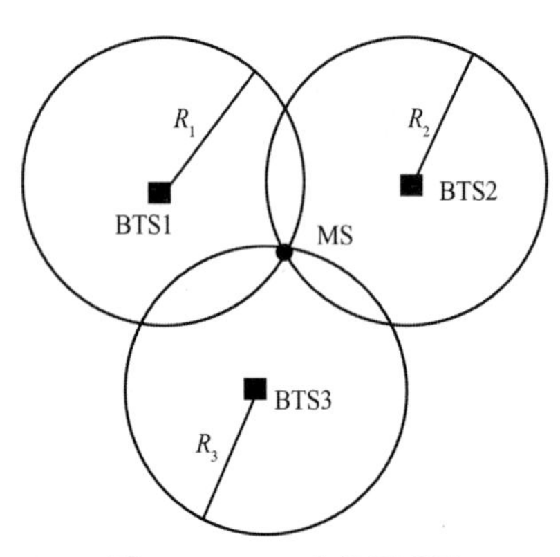

图 2-8 TOA 定位原理图

TDOA 是另一种基于上行链路的定位方法，通过检测移动台信号到达两个基站的时间差来确定移动台的位置。由于移动台定位于以两个基站为焦点的双曲线方程上，确定移动台的二维位置坐标需要建立两个以上双曲线方程，也就是说至少需要3个以上的基站接收到移动台信号。两个双曲线的交点即为移动台的二维位置坐标。如图2-9所示，分别以BTS1、BTS2和BTS1、BTS3为焦点，和各自焦点距离的差值恒为$R_1-R_2$和$R_1-R_3$的两条双曲线的交点即为移动台的位置，此即为双曲线定位方法。

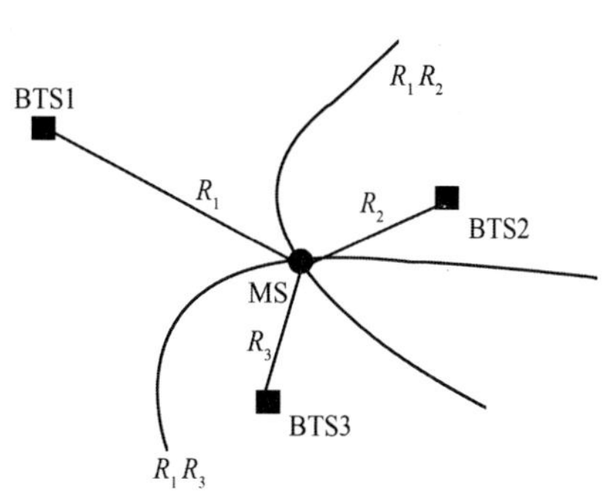


图2-9 TDOA定位原理图

显然，要想得到TOA的准确估计，必须要求移动台和基站保持严格同步。但对于TDOA的估计则无需知道信号从移动台开始传送的时间，因此只要求基站间严格同步。由于TDOA对同步要求较TOA低，而且能够大大降低和消除由于无线信道引起的多个基站TOA估计的公共误差，所以大多采用TDOA定位方法。

OTDOA同上行链路信号到达时间差方法一样，也是利用对信号传播时间差的估计来计算移动台位置的方法。不同的是，OTDOA使用下行链路信号来估计若干个基站两两间信号到达移动台的时间差，一般称之为移动台观测时间差（OTD）。当基站间相互同步时，移动台观测时间差（OTD）就代表了由于两个基站地理位置不同而造成的信号传播时间差。获得三个以上基站相互间的OTD后，就可以利用双曲线定位方法求解出移动台的地理位置。

（3）AOA定位

AOA（Angle of Arrival，到达角度）定位是一种两基站定位方法，基于信号的入射角度进行定位。AOA定位通过两直线相交确定位置，不可能有多个交点，避免了定位的模糊性。但是为了测量电磁波的入射角度，接收机必须配备方向性强的天线阵列。

其原理如图2-10所示，两个基站各自测出移动台经过视距路径（LOS）到达基站信号的角度，两个视距路径反向延长线的交点可以唯一确定移动台的位置。

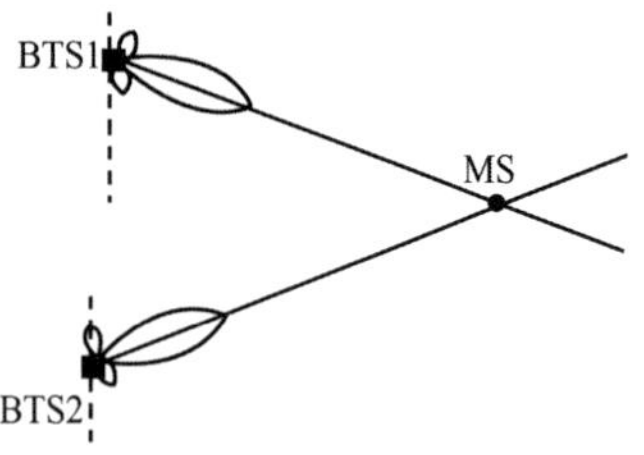

图 2-10　TDOA 定位原理图

（4）基于场强的定位

该方法是通过测出接收到的信号场强和发射信号的场强值，通过已知的信道衰落模型来估计收发信号双方的距离。一次场强测量把移动台锁定在以基站为中心的圆轨道上，圆的半径由场强值和信号衰落模型确定，一般通过 3 个基站就可以确定移动台的位置。人们根据不同的地形环境的场强实测数据总结出一些场强衰减传播模型，其中广泛应用的是 Okumura Hata 模型。

从数学模型上看，和 TOA 算法类似，只是获取距离的方式不同。场强算法虽然简单，但是由于多径效应的影响，定位精度较差。

（5）AFLT（Advanced Forward Link Trilateration）定位

AFLT 运用于 CDMA2000 系统中，是一种基于前向链路的定位方法。在进行定位操作时，手机同时监听多个基站（至少 3 个基站）的导频信息。利用码片时延来确定手机到附近基站的距离差，最后用三角定位法算出用户的位置。AFLT 的计算原理本质上同 OTDOA 类似，如图 2-11 所示。

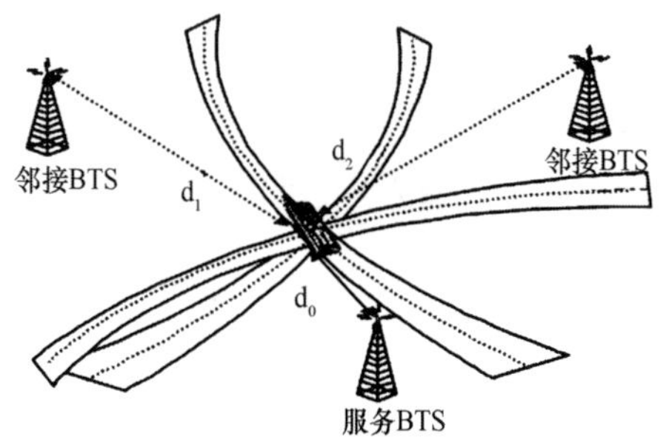

图 2-11　AFLT 定位原理示意图

## 3. 基站定位对终端和网络有哪些要求?

根据定位实现的技术特征，移动定位可划分为用户面定位和控制面定位。

用户面定位：采用与网络设备无关的用户平面的数据（如 TCP/IP）来承载

移动终端和业务平台间的定位技术相关消息，实现移动定位的交互。

控制面定位：基于网络侧信令的移动定位技术，通过网络设备间信令来传输定位技术相关的消息。

基站定位可以基于用户面，也可以基于控制面实现。目前运营商的基站定位大部分基于控制面来实现。基于控制面的单基站定位对终端型号及用户的行为要求很低，所有类型终端均可，只要用户在网即可，无论用户是否在通话中或在上网中，均能完成定位。对于网络侧，要求核心网元支持相关的定位协议，例如在 CDMA 网络中，要求核心网 MSC、HLR 支持 PN4747 协议同定位平台交互。基于控制面的增强型基站定位对终端和网络有要求。对于终端侧，比如 AOA 定位方式为了测量电磁波的入射角度，接收机必须配备方向性强的天线阵列；OTDOA 方式要求终端能够使用下行链路信号来估计若干个基站两两间信号到达移动台的时间差；对于网络侧，除了支持相关定位协议外，TOA/TDOA 方式要求基站能够测量终端到基站的信号传播时延或者时间差。因此虽然前面提到了很多增强型基站定位技术，但从成本和实现条件考虑，实际使用最广泛的还是单基站定位。

用户面的基站定位，比如中国电信运营的 gpsOne 定位业务中的 AFLT 定位方式是一种增强型的基站定位，终端在定位过程中需要通过数据通道与定位平台发生信息交互。终端需支持 IS-801 协议并且终端应具备上网能力，不能处于通话状态。移动互联网定位服务也用到基站定位，通过手机 APP 应用将基站信息通过数据网络上报给定位平台实现定位。

## 4. 基站定位的主要应用场景是什么？

基站定位的优点是对使用环境要求很小，无论室内室外，只要有基站信号覆盖的地方都能完成定位，定位成功率较高；缺点是定位精度较低。因此基站定位广泛应用于定位精度要求不高的场景。

运营商提供的基站定位主要是行业应用，服务对象是政企客户，主要包括外勤、警务、物流三大方面。移动互联网提供的基站定位能力通常与Wi-Fi、GPS定位能力结合为混合定位能力平台，基站定位作为其中一种定位能力提供服务。移动互联网定位受众通常为公众用户，移动互联网上的众多应用结合位置要素后，可给用户提供更加精准的服务。

## 5. 基站定位还有哪些其他实现方式?

从以上对基站定位的讨论可以看出，终端所位于的基站CELL-ID数据是基站定位最基础也是最重要的参考依据，基于CELL-ID就可以实现单基站定位。那么除了本章节之前提到的几类定位技术外，还有什么获得CELL-ID的途径呢？一个可行的答案是终端在移动通信网络各种活动（如注册、呼叫等）中产生的信令消息。因此，基于信令的定位也是基站定位的一种实现方式。

基于信令的基站定位技术以信令监测为基础，通过对移动信令网中那些携带CELL-ID的信令消息的过滤获得当前终端所处基站位置。这些可被利用的消息如终端注册、位置更新、呼叫、短信、数据上网以及漫游、切换等。这项技术通过对信令进行实时监测，可以定位到一个小区，也可以定位到地区，适用于对定位精度要求不高的业务，如用户漫游短信服务、货物跟踪服务等。另外，通过对历史信令消息的分析，还可以获得用户的历史位置轨迹，分析用户出行、消费习惯，由此衍生出其他如人流控制、精确营销等众多的业务。

# ☞【Wi-Fi定位子篇】

## 1. Wi-Fi定位技术是在什么样的背景下产生的？

随着移动互联网业务的发展，基于用户位置的手机应用如雨后春笋般涌现出来，包括手机地图、大众点评、高德导航等，这些业务应用对位置精度有很高的要求。室内（如办公室、住宅）是用户使用手机应用的常用场景，但是室内没有 GPS 信号覆盖，而只能通过基站进行定位，精度无法满足要求。Wi-Fi 技术主要用于无线局域网，覆盖范围一般在 100m 以内，所以 Wi-Fi 定位技术的定位误差大多在 100m 以内。随着 Wi-Fi 定位技术的应用，能够有效解决室内定位的精度问题。

越来越多的 Wi-Fi 热点的布设为 Wi-Fi 定位的应用创造了条件。首先，Wi-Fi 热点可作为 2G/3G 网络的有效补充，电信运营商在城市业务密集区域建设了大量 Wi-Fi 热点。其次，众多餐饮商家和购物场所为了吸引年轻消费客户，在店内免费提供 Wi-Fi 热点，如星巴克、麦当劳、肯德基等连锁企业。再次，随着各种移动终端设备的普及，每个家庭拥有的上网设备在不断增加，家庭自建 Wi-Fi 热点成为解决手机终端、手持设备（PAD）等设备上网的有效方式。以上诸多原因促成了众多 Wi-Fi 热点的布设，为 Wi-Fi 定位技术的应用提供了条件。

## 2. 什么是Wi-Fi定位技术？

目前主流的 Wi-Fi 协议包括 802.11a/b/g/n/ac，几种协议主要的区别在于物理层的工作频段、调制技术、调整方式，其在链路层使用的协议和通信流程是一致的，所以，只要客户端和 Wi-Fi 热点（AP）之间兼容 Wi-Fi 协议，就可以使用同样的 Wi–Fi 定位技术。

802.11 Mac 层负责客户端和 Wi–Fi 信号接入点（AP）之间的通信，主要功能有扫描、认证、接入、加密、漫游等。AP 会周期性地广播 Beacon 帧，表明 Wi–Fi 信号的存在。客户端不需要跟 AP 完成认证、接入的过程，也可以从 AP 的 Beacon 广播帧的 Mac 头字段里面读取 AP 的 Mac 地址（BSSID）、从 Mac 帧数据体里面读取到 AP 的名称（SSID），并从信号中测量得到 RSSI(客户端接收到的 Wi–Fi 信号强度)。图 2–12 为 Mac 管理帧的格式。

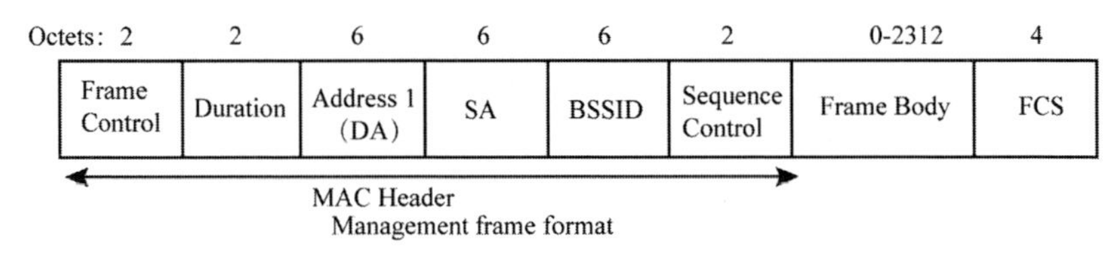


图 2-12　802.11 Mac 管理帧格式

Wi–Fi 定位能力平台要收集和维护各个 Wi–Fi AP 的位置数据库，客户端在发送定位请求的时候，把检测到附近广播的 Wi–Fi AP 的 Mac 地址、SSID 和 RSSI 参数信息一起上报到 Wi–Fi 定位能力平台，平台根据查询到的 Wi–Fi AP 的位置并结合 RSSI 信号强度，就可以计算得到客户端的粗略位置。Wi–Fi 定位的原理如图 2–13 所示。

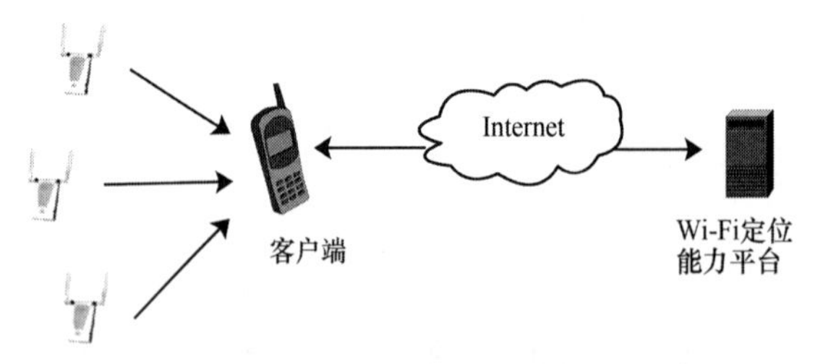


图 2-13　Wi-Fi 定位原理图

## 3. Wi-Fi定位技术有哪些主要算法?

Wi-Fi 定位技术的算法有很多种。目前有很多 Wi-Fi 定位算法扩展了 Wi-Fi 接口的协议，使得有更多的 Wi-Fi 信号信息被包括到定位算法中，这些信息往往能够提升定位算法的性能。由于扩展的 Wi-Fi 协议不具备普适性，所以，本书介绍的 Wi-Fi 定位算法主要基于上述讨论的三个级别条件：AP 接入点 Mac 地址、接入点名称 SSID 和客户端接收信号强度 RSSI。

（1）简易算法

简易算法中比较有代表性的是中心点法、加权中心点法和 AP-ID 法。

① 中心点法就是根据定位终端能探测到的所有接入点位置的算术平均值作为定位结果。

**【客户端上报的测量信息】**

AP1 的 Mac 地址　–59dBm

AP2 的 Mac 地址　–71dBm

AP3 的 Mac 地址　–88dBm

AP4 的 Mac 地址　–95dBm

定位结果为（AP1 位置 +AP2 位置 +AP3 位置 +AP4 位置）/4

② 加权中心点法将被定位终端探测到的所有接入点位置的加权中心作为定位结果，这个权值跟接收到的 AP 点信号强度 RSSI 参数有关。

**【客户端上报的测量信息】**

AP1 的 Mac 地址　–59dBm

AP2 的 Mac 地址　–71dBm

AP3 的 Mac 地址　–88dBm

AP4 的 Mac 地址　 −95dBm

定位结果为（AP1 位置 × 权值 1+AP2 位置 × 权值 2+AP3 位置 × 权值 3+AP4 位置 × 权值 4）/4，其中，权值 n=APn 的信号强度 / 平均信号强度。

这两个方法的优点是不需要过多的预先准备就能快速提供服务，而且服务基本不受场馆、环境的限制；缺点就是平均精度很难达到 5m 以内，而且精度受 AP 点密度影响较大，难以预测。

③ AP−ID（Access Point−ID）法可以看作只有一个 Wi−Fi 接入点的中心点法，即把这个接入点位置作为最终定位结果。当被定位终端收集到多个接入点信息时，只取信号强度最强的接入点信息。这个算法非常简单，适合于用户在接入点附近的场景。

**【客户端上报的测量信息】**

AP1 的 Mac 地址　 −59dBm

AP2 的 Mac 地址　 −71dBm

AP3 的 Mac 地址　 −88dBm

AP4 的 Mac 地址　 −95dBm

AP−ID 法是使用信号强度最强的 AP 信息，则返回 AP1 的位置作为定位结果。

（2）基于模型的算法

基于模型的算法是参考电磁波传输模型（Friis 传播模型），把发送器和接收机之间的无线网络看作理想的传输环境——一条畅通无阻的可视路径，可对接收信号强度“衰减”为发送器与接收机间隔距离的函数，对接收信号强度和传播距离的转换。这个算法适合的场景是所有使用到的接入点到被定位终端的传播环境相同。公式如下。

空间损耗 $=20\lg(F)+20\lg(D)+32.4$

$F$ 为频率，单位为 MHz；$D$ 为距离，单位为 km。

对于 Wi-Fi 信号来说，频率 $F$ 是可知和固定的，通过信号测量结果可使用上述公式计算出热点到手机的距离 $D$。但是，实际上各个热点到手机之间的传播环境大部分是不同的，譬如手机与家里布设的 Wi-Fi 热点、邻居 Wi-Fi 热点之间信号绕过的墙壁数量和传播环境是不同的，所以，基于模型的算法只适用于广阔而无阻挡的传播环境，应用场景较少。

（3）指纹算法

指纹算法的思路来源于模式识别。由于现实环境中存在很多的 AP 接入点，无线传播环境非常复杂而且经常变化，造成信号强度的分布不再有规律。所以，我们可以通过在每个地点采集得到一个特有的有多个 Wi-Fi 信息的指纹，这里的 Wi-Fi 信息就是 BSSID-RSSI 的数据组。如在某个房间的两个位置采集了如下两个指纹。

**【指纹 1】**

AP1 的 Mac 地址　−59dBm（信号强度）

AP2 的 Mac 地址　−71dBm

AP3 的 Mac 地址　−88dBm

AP4 的 Mac 地址　−95dBm

**【指纹 2】**

AP1 的 Mac 地址　−76dBm（信号强度）

AP2 的 Mac 地址　−51dBm

AP3 的 Mac 地址　−62dBm

AP4 的 Mac 地址　−95dBm

被定位终端把测量到的 AP 信息和 RSSI 强度发送到 Wi-Fi 定位平台，平台把上报结果与后台数据库中的指纹采集信息进行对比，找出最相近的位置返回。

这个算法的优点是定位精度比较高，而且不需要知道 AP 点的具体位置。缺点是必须在开始服务之前进行指纹的采集工作，服务范围也只限于指纹采集过的区域。

## 4. Wi-Fi热点信息库有几种标识方式?

服务运营商提供 Wi-Fi 定位能力，需要开发相关应用，根据应用需求选择合适的定位算法，并建立相应的 Wi-Fi 基础信息库，Wi-Fi 热点信息库主要有以下三种标识方式。

（1）室内经纬度

有时候室内坐标不能直接使用室外常用的经度、维度和高度坐标，甚至对于某些应用场景的定位结果展现效果，楼层比高度更有意义。室内经纬度是对室外经度、纬度、高度标识的改进，室内仍然使用室外经纬度方式，把海拔高度改为楼层高度，这样做的好处是可以继续使用现有已经成熟的室外地图，并且解决了现有商用二维地图上，高度无法显示的问题。

（2）室内虚拟位置 ID

室内虚拟位置 ID 的基本思路是给地点起独特的名字，主要有两个关键点：一是虚拟位置 ID 的唯一性，二是虚拟位置与具体展示方法之间的联系，一般来说与日常生活中人们的生活习惯是否吻合，譬如“× × 层 ABC 房间”。

（3）室内直角坐标

室内直角坐标是一种使用笛卡尔坐标系标定室内位置的方法，使用 $x$、$y$、$z$ 三个坐标轴来标定室内的位置。在实际应用中，这种坐标表示方法会做一个特殊的转换。譬如，$z$ 坐标用于表示楼层，$x$、$y$ 坐标表示一层中的某一位置，$x$、$y$

坐标的单位不一定是标准单位，它可能是像素，甚至可能是“一个地砖的长度”。这种坐标在建筑、装修、布展等场景下使用比较多。

对于一般的移动互联网手机应用而言，目前主要还是采用经纬度数据来表示人、物体和地图的位置，高度的维度经常被忽略，不作为实际使用。

## 5. 是不是Wi-Fi接入点越多，定位越准确?

从直观上来说，Wi-Fi 接入点越多，定位算法可参考的条件越多，定位结果应该是越准确才对。但实际往往并非如此，定位结果的精度跟定位算法的选择以及 AP 点的分布等条件有关。以 AP-ID 的定位算法为例，直接采用信号最强的 AP 点的位置作为定位结果，其他接入点再多也没有用。又譬如采用指纹算法，采集到的 AP 点多了，参考的条件就比较充足，但实际上为了算法的高效和减轻存储的压力，一般都会根据信号强度选择几个信号好的 AP 点作为指纹保存，其他的会有选择性地被丢弃。

Wi-Fi 接入点多了，虽然可以选择更复杂的算法提高定位精度，但是也会带来无线网络的干扰问题。大部分的 Wi-Fi 接入点在默认出厂时均采用 1 号频点发送信号，Wi-Fi 协议的 Mac 层采用的是 CSMA/CD 协议（载波侦听多路侦听 / 冲突避免），在没有统一规划建设的情况下，架设越多的 Wi-Fi 接入点，用户越多，则产生相互干扰和资源同抢的概率就越高，传输效率越低，反而不利于用户的使用。

## 6. Wi-Fi接入点的移动会给热点数据库的数据准确性带来什么问题?

Wi-Fi 技术占用的是 ISM 频段（I：Industrial 工业，S：Scientific 科学，M：Medical 医疗，ISM 频段是保留给工业、科学和医疗来使用，只要功率不超过

1W，就可以不经过授权使用），设备成本和建设成本非常低，架设AP点非常简单，只要有网络接入资源，就可以把网络通过Wi-Fi无线信号的方式扩展开。正是由于Wi-Fi部署方便简单，导致热点的移动性高，给Wi-Fi定位的准确性带来一些问题。

Wi-Fi接入点的移动主要有两种情况：一种是工程上需要，对原先固定在某一位置的Wi-Fi接入点进行拆卸、移动和再部署，这种情况发生的频次较少，通过定位系统数据的定时更新就能避免其影响。另外一种情况更为常见，现在很多手机终端、笔记本电脑或者专用的MIFI，可以把3G上网信号转换成Wi-Fi信号分享给其他人一起使用。这种情况的Wi-Fi接入点经常大范围移动，并且用户使用MIFI的概率越来越高，是对Wi-Fi定位系统造成影响的不稳定因素，必须通过算法排除掉，否则将带来很大的误差，影响定位精度。

## 7. Wi-Fi定位的主要应用场景是什么？

在室外定位中，GPS定位是目前使用最广泛、精度最高的定位方法，但是在室内定位时，GPS信号无法接收，信号经过多次反射，无法使用GPS定位或者GPS定位误差增大。Wi-Fi定位是为了解决室内不能使用GPS定位而导致定位精度下降的问题而出现，目前已经作为移动互联网定位业务的混合定位能力必备的能力之一，可以使用在室内、室外等布设有Wi-Fi热点的场景中。

譬如，某个移动用户不知道图书馆在哪里，计划第一次去图书馆办理借书证并借书。该用户在出发前，在家里可以使用移动终端上的“百度地图”APP，搜索“图书馆”在哪里，做好行程规划，选择交通方式：坐地铁还是打车。这时候，该用户在家里，一般属于深度室内或者浅度室内的环境下，使用 Wi-Fi 定位算法可以获得更快的定位速度和定位精度，满足用户的位置定位需求。

Wi-Fi 定位使用指纹定位算法应用在车库导航或者室内导航应用中的场景还不算常见，虽然算法已经支持，但从接受群体和效益来看，还不足以推动该类场景的快速普及。

### 8. Wi-Fi定位技术今后的发展方向是什么？

近几年智能手机和移动互联网获得快速的发展，越来越多的传感器芯片被内置到手机中，包括加速度传感器、磁力传感器、方向传感器、陀螺仪等等。传感器能够使得手机的感应功能越来越强大，同时也给定位技术带来新的发展，如目前网络上已经公布的 Wi-Fi SLAM 技术：分析周围所有 Wi-Fi 网络的信号强度和唯一 ID 识别码，从网络中下载或已经存储在设备中的该区域的引用数据集进行匹配，并通过重力感应和指南针功能，同步脚步的移动，可定位用户的室内位置，精确度在十来步之内。虽然该定位技术刚刚起步，但是鉴于全球 Wi-Fi 如火如荼的建设形势下，该技术将会更加容易被推广。

## 【IP定位子篇】

### 1. IP定位技术的原理是什么？

IP 定位技术，顾名思义就是根据 IP 地址对用户终端进行定位的技术。

IP 定位能力提供商需要构建和维护 IP 地址 – 地理位置的数据库。定位原理如图 2-14 所示。

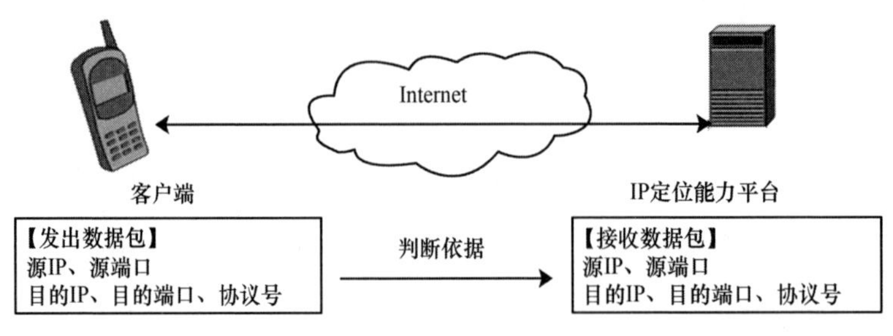


图 2-14　IP 定位原理图

IP 定位技术平台根据收到数据包的源 IP 地址，查询 IP 地址—地理位置数据库获得对应的地理位置，地理位置的表示方式包括：经纬度或者国家、城市名称等。

## 2. IP定位技术的精度受哪些因素影响?

IP 定位能力平台一般部署在 Internet 下，IP 定位技术的应用主要受制于被定位用户所在的网络环境。

使用 IP 定位用户的网络环境有多种，目前最常见的有如下三种：（1）ADSL、LAN 拨号上网；（2）企业公司自建私网；（3）手机拨号上网。

（1）ADSL、LAN 拨号上网

以最常见的 ADSL 用户上网的组网结构为例，如图 2-15 所示。

图 2-15 中，BRAS（Broadband Remote Access Server——宽带远程接入服务设备）是三层设备，是宽带用户接入的核心设备，负责 ADSL 用户的 IP 地址分配。DSLAM（Digital Subscriber Line Access Multiplexer，数字用户线路接入复用器）属于二层设备，用于汇聚 DSL 用户的流量，同时把 DSL 的用户接入协议转换成 DSLAM 与 BRAS 之间的 VLAN 协议。

目前，运营商给每个 BRAS 设备分配了一个公网 IP 地址池，用作 ADSL 用户的 IP 地址动态分配。电信运营商的 BRAS 服务器是按照地级市的级别进行统一建设，所以，IP 定位能力提供商保存的就是 BRAS 上的 IP 地址池与 BRAS 所在的地级市信息。

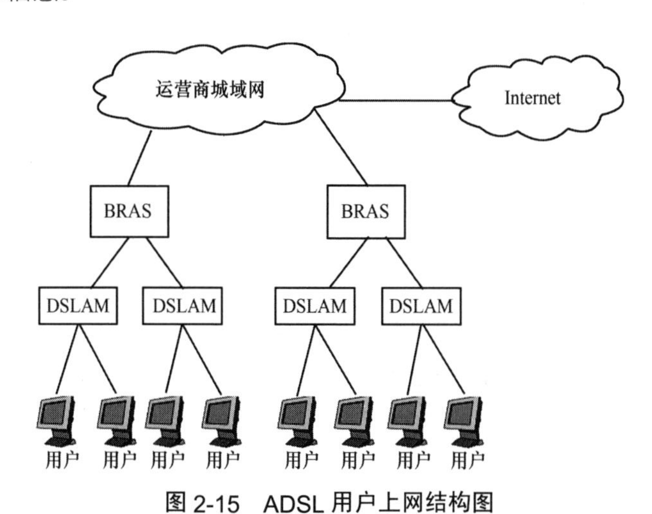


图 2-15　ADSL 用户上网结构图

（2）企业公司自建私网

一些大型的企业单位租用电信运营商的传输资源和出口资源，建设自己的专用网络，同时又拥有统一的出口，如大型银行、保险等企业。总部和分部各个部分组成了一张内部专用的网络，使用的是私网地址，如图 2-16 所示。

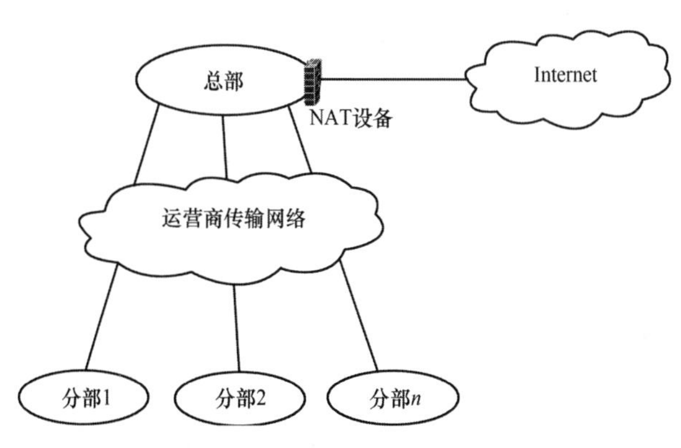


图 2-16　大型企业常见内部组网图

使用私网地址的用户，IP 定位只能根据用户 NAT 出口的公网地址进行查询定位，定位结果跟用户所在的私网组网架构有关。譬如：某些大型企业客户上网时使用公司总部的统一出口，客户在位于江门新会的公司分部，但定位的结果可能是公司总部所在地点广州，造成定位不准，这种场景不适合使用 IP 定位技术。

（3）手机拨号上网。如图 2-17 所示。

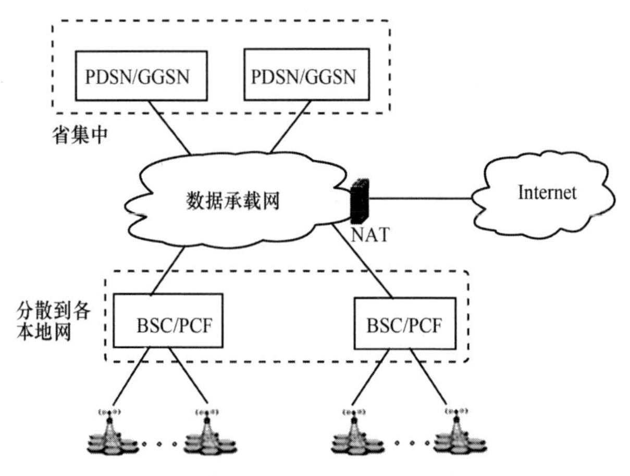


图 2-17　手机拨号上网的移动网络组网图

移动网络的分组域核心网元是全省集中放置的，基站控制器和基站分散到各个本地网。GSM 网络中是 GGSN 网元给移动手机用户分配 IP 地址，CDMA 网络中是 PDSN 网元负责，由于目前 IPV4 的公网地址数量已经接近枯竭，无法满足移动用户的快速增长，所以，移动用户拨号上网分配的都是私网地址，需要经过 NAT 设备完成地址转换之后，才能访问 Internet。所以，根据手机上网的 IP 地址只能定位到省级区域。

综上所述，IP 定位的定位精度主要与被定位用户所在的网络结构有关，精度普遍不高，比较理想的情况下可以定位到地级市的本地网级别（ADSL 用户上网时）。所以，在手机终端定位功能日益增强的情况下，IP 定位大多作为互联网定位技术的一种辅助技术手段。

## 3. 目前可以利用哪些互联网开放接口进行IP定位?

互联网提供商提供 IP 定位服务的方式包括 HTML、HTML5 等多种方式，下面介绍两个通过浏览器方式直接在网站上输入查询地址的方式获得用户所在的位置：1）http://cn.geoipview.com；2）http://tool.chinaz.com/Ip/。

访问以上页面时，网站会把你当前接入网络的出口 IP 和当前位置显示在页面中。另外，用户可以直接在页面上输入想查询的 IP 地址，如图 2-18 所示的截图以在 http：//cn.geoipview.com 上查询 1.1.1.1 地址为例。

图 2-18　IP 地址对应图例位置查询示意图

结果说明：1.1.1.1 这个地址是分配给澳大利亚了，但是系统无法提供具体属于哪个城市。

### 4. IP地址定位技术的应用场景有哪些?

IP 定位技术主要应用于对精度要求不高的场景，如天气预报、地图搜索中的城市选择，以及 QQ 中用户所在的城市信息等。由于 IP 定位的定位精度受用户所在的网络组织影响，经常会出现定位不准确的情况，所以一般定位结果仅用作提示和参考。在应用程序根据定位结果提供第一次信息展现时，一般都允许用户手动修改城市，譬如：用户打开 http：//map.baidu.com 地址时，浏览器会根据 IP 定位结果得到用户目前的城市，并提供当前城市的天气信息和地图信息，之后用户就可以根据需要手动修改查询的城市了。

虽然 IP 定位技术受到定位精度和用户所在网络等因素的影响，但是它仍然被广泛使用在互联网和移动互联网领域。普通的互联网厂商最早在 PC 客户端的互联网应用中使用 IP 定位技术，如腾讯 QQ 可以根据访问地址知道用户所在的大概区域。

随着移动互联网的发展，IP 定位已经被互联网定位能力提供商广泛使用。凭借庞大的用户群和混合定位技术的运用（关于混合定位技术请参考相关章节），IP 定位的信息库非常容易就可以建立起来了，并且可以作为门槛最低的条件去应用，对手机终端无特殊要求。

## ☞【其他定位技术】

### 1. 什么是RFID技术?

RFID（Radio Frequency Identification）技术即射频识别技术，是一种通信

技术，它通过无线电讯号识别特定目标并读写相关数据，而无需识别系统与特定目标之间建立机械或光学接触。常用的有低频（125 ~ 134.2kHz）、高频（13.56MHz）、超高频、微波等技术。

RFID 系统的两大重要组成部分是读写器和标签。读写器包括天线、收发器、基本控制单元、逻辑接口等，可以方便地与标签和后台应用程序进行数据传输和交换。标签包括芯片和天线两个部分。标签芯片是 ID 系统的数据载体，可以存储商品或者物体的基本信息。当附着有标签的物体进入读写器天线的工作场区范围内，读写器和标签通过电场或者磁场藕合的方式实现两者之间的数据交互。

从概念上来讲，RFID 类似于条码扫描。对于条码技术而言，它是将已编码的条形码附着于目标物并使用专用的扫描读写器利用光信号将信息由条形磁传送到扫描读写器；而 RFID 则使用专用的 RFID 读写器及专门的可附着于目标物的 RFID 标签，利用频率信号将信息由 RFID 标签传送至 RFID 读写器。

从结构上讲 RFID 是一种简单的无线系统，系统由一个读写器（询问器）和很多标签（应答器）组成。无线电的信号通过调成无线电频率的电磁场，把数据从附着在物品上的标签上传送出去，以自动辨识与追踪该物品。标签包含了电子存储的信息，数米之内都可以识别。与条形码不同的是，射频标签不需要处在识别器视线之内，也可以嵌入被追踪物体之内。

## 2. 什么是RFID定位技术？

RFID 系统由 RFID 标签和 RFID 阅读器以及它们之间的通信组成。每个 RFID 标签具有唯一的标识符，即唯一的 ID，连接到某个对象上。用户用他的 RFID 阅读器读取 RFID 标签的唯一 ID，使用户能够识别与 RFID 标签所连接的

对象。

RFID 标签的唯一 ID 可以涉及一些有用的信息。其中一个重要的信息是携带 RFID 标签的对象的位置信息。从 RFID 标签的唯一 ID 和位置信息，用户可以知道携带 RFID 标签的对象的位置。

射频识别（RFID）技术利用射频方式进行非接触式双向通信交换数据以达到识别定位的目的，这种技术成本低、传输范围大，同时有非接触和非视距的优点，很适合室内定位技术。基于 RFID 的定位技术如图 2-19 所示。

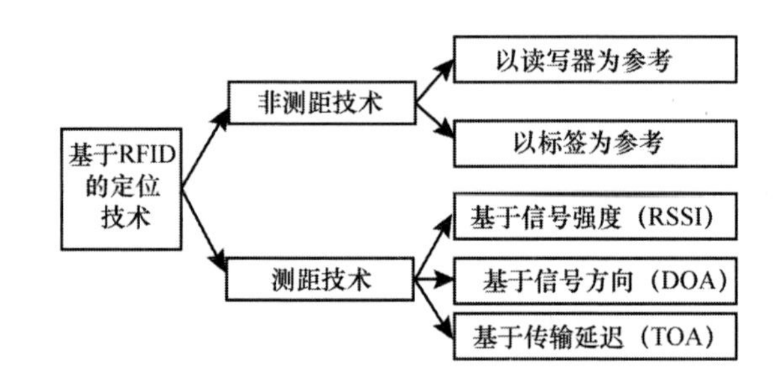


图 2-19　基于 RFID 的定位技术

基于 RFID 技术的定位方法按照是否测距分为两大类：非测距定位技术和测距定位技术。

非测距定位技术不需要对距离进行检测，通过与参考点通信来进行区域定位：将参考读写器或者参考标签分布于特定区域，通过检测参考点与目标之间的通信成功与否来判断目标是否处于该区域。非测距定位技术必须将参考点按要求分布于目标区域，因此应用受到一定限制，成本也较高。

基于测距的定位技术根据其测距原理又可以分为三大类：接收信号强度检测（RSSI）、信号到达方向（Direction of Arrival，DOA）、信号到达时间（Time of Arrival，TOA）。

## 3. 基于RFID的典型定位算法有哪些？

现有 RFID 定位绝大多数都是基于信号强度的定位技术，它使用接收到的信号强度指示（RSSI，Received Signal StrengthIndicator）来确定待定位物体的位置。

LANDMARC 方法是一种经典的基于有源 RFID 的室内定位算法，它采用了充当定位参考点的参考标签来辅助定位。由于阅读器读到的相近位置标签的 RSSI 也是相近的，所以 LANDMARC 方法通过比较阅读器接收到的待定位标签与参考标签信号强度值的大小来找出离待定位标签距离最近的几个参考标签，然后根据这几个参考标签的坐标，并结合它们的权重用经验公式计算出待定位标签的位置。

LANDMARC 方法具有较高的定位精度，可扩展性好，能处理比较复杂的环境，是一种实用的定位方法。但 LANDMARC 依然存在一些问题，在一些封闭环境中，由于信号的多路径效应（radio signal multi-path effects），使得其定位精度不高；而且为了使得定位能更加准确，往往需要放置更多的参考标签，而这会增加成本，并且可能产生射频干扰现象。

基于 LANDMARC 的不足之处，Yiyang Zhao 等提出了一种新的算法 VIRE：基于有源 RFID 使用虚拟标签消除的定位方法。VIRE 方法的核心思想就是在不增加额外参考标签的情况下，通过去掉那些不可能的位置来得到待定位物体的更精确的位置。

VIRE 方法中，所有的参考标签被规则地放置成一个平面网格，跟踪标签则放置在这个网格内。而这个网格又可以进一步分割成许多小网格，我们将每一个被 4 个参考标签覆盖的小网格分成 N × N 个大小相同的虚拟网格单元，而每个虚拟网格单元可以看作被 4 个分布在单元格角上的虚拟参考标签覆盖，由于参考标签的坐标是已知的，虚拟参考标签的坐标也可以很容易得到。在 VIRE 方法中，直接采用线性插值的方法来获取虚拟参考标签的信号强度。

VIRE 中还引入了近似图（proximity map）的概念，近似图覆盖整个定位区域，并且也被划分为很多小区域（小方格），其中每个区域的中心对应着一个虚拟参考标签。每一个阅读器都有一幅对应的近似图，如果阅读器读到的近似图中某些区域的 RSSI 与读到的待定位标签的 RSSI 值差的绝对值在某个阈值（thresh – old）之内，则将这些区域标记。

VIRE 方法引入了虚拟参考标签的概念，使得在不增加额外标签的前提下提高了定位精度，并且实验表明 VIRE 方法对环境也有较好的适应性，在复杂和封闭的环境中也有较高的精度。

## 4. RFID定位的应用场景有哪些?

RFID 定位系统不需要卫星或者手机网络的配合，其精确度在于 RFID 读写器的分布，而读写器的分布可以由用户自身根据实际需要进行设置，很适合只需要在特定区域进行定位的用户，具有极高的实用价值。在这些区域的特定地点（例如关键出入口）安放射频标签读写器之后，系统可以实时检测到带有 RFID 装置的物体处于什么位置，其原理类似于在关键位置安排众多看守人员对过往物品进行登记，需要寻找特定物体的时候只要查询一下看守人员的登记信息就可以了。

RFID 定位可应用于物流、零售、交通、食品、安全等领域。例如英国一些医院应用 RFID 定位系统对医疗器械、医疗保健设备进行定位和追踪，减少医疗器械设备失窃等事件的发生；丰田汽车在汽车物流供应链建立 RFID 定位系统，该系统降低了人工成本，使工作流程自动化，而且系统会告诉员工应该去哪里取汽车；美国科罗拉多州的一个滑雪场则是世界上第一个为游客配备定位装置的滑雪场，游客在这个滑雪场带上内置 RFID 的表带之后会被遍布滑雪场的读写器探测到，利用这套系统游客可以知道其伙伴在滑雪场的位置。

## 5. 什么是ZigBee?

ZigBee 是基于 IEEE802.15.4 标准的低功耗个域网协议，是一种短距离、低功耗的无线通信技术。这一名称来源于蜜蜂的八字舞，由于蜜蜂（bee）是靠飞翔和“嗡嗡”（zig）地抖动翅膀的“舞蹈”来与同伴传递花粉所在方位信息，也就是说蜜蜂依靠这样的方式构成了群体中的通信网络。其特点是近距离、低复杂度、自组织、低功耗、低数据速率、低成本。主要适合用于自动控制和远程控制领域，可以嵌入各种设备。简而言之、ZigBee 就是一种便宜的、低功耗的近距离无线组网通信技术。

ZigBee 是一种无线连接，可工作在 2.4GHz（全球流行）、868MHz（欧洲流行）和 915 MHz（美国流行）3 个频段上，分别具有最高 250kbit/s、20kbit/s 和 40kbit/s 的传输速率，它的传输距离在 10 ~ 75m 的范围内，但可以继续增加。作为一种无线通信技术，ZigBee 具有如下特点。

（1）低功耗

由于 ZigBee 的传输速率低，发射功率仅为 1mW，而且采用了休眠模式，功耗低，因此 ZigBee 设备非常省电。据估算，ZigBee 设备仅靠两节 5 号电池就可以维持长达 6 个月到 2 年左右的使用时间，这是其他无线设备望尘莫及的。

（2）成本低

ZigBee 模块的初始成本在 6 美元左右，估计很快就能降到 1.5 ~ 2.5 美元，并且 ZigBee 协议是免专利费的。低成本对于 ZigBee 也是一个关键的因素。

（3）时延短

通信时延和从休眠状态激活的时延都非常短，典型的搜索设备时延是 30ms，休眠激活的时延是 15ms，活动设备信道接入的时延为 15ms。因此 ZigBee 技术适用于对时延要求苛刻的无线控制（如工业控制场合等）应用。

（4）网络容量大

一个星型结构的 ZigBee 网络最多可以容纳 254 个从设备和一个主设备，一个区域内可以同时存在最多 100 个 ZigBee 网络， 而且网络组成灵活。

（5）可靠

采取了碰撞避免策略，同时为需要固定带宽的通信业务预留了专用时隙，避开了发送数据的竞争和冲突。MAC 层采用了完全确认的数据传输模式，每个发送的数据包都必须等待接收方的确认信息。如果传输过程中出现问题可以进行重发。

（6）安全

ZigBee 提供了基于循环冗余校验（CRC）的数据包完整性检查功能，支持鉴权和认证，采用了 AES-128 的加密算法，各个应用可以灵活确定其安全属性。

## 6. 什么是ZigBee定位技术?

ZigBee 定位技术主要指 ZigBee 在定位方面的应用。

ZigBee 定位技术就是通过在待定区域布设大量的廉价参考点，参考点间通过无线通信的方式形成了一个大型的自组织网络系统，当待定位区域出现被感知对象的信息时，在通信距离内的参考节点能快速地采集到这些信息，同时利用路由广播的方式把信息传递给其他参考点，最终形成一个信息传递链并经过信息的多级跳跃回传给终端电脑加以处理，从而实现对一定区域的长时间监控和定位。

CC2431/ZigBee 是 TI 公司推出的带硬件定位引擎的片上系统（SoC）解决方案，能满足低功耗 ZigBee/IEEE 802.15.4 无线传感器网络的应用需要。CC2431 定位引擎基于 RS-SI( Received Signal Strength Indicator，接收信号强度指示）技术，根据接收信号强度与已知参考节点位置准确计算出有关节点位置，然后将位置信息发送给接收端。相比于集中型定位系统，RSSI 功能降低了网络流量与通信延迟，在典型应用中可实现 3 ～ 5 m 定位精度和 0.25 m 的分辨率。

## 7. 基于ZigBee的室内定位系统如何组成?

ZigBee 定位系统由盲节点（即待定位节点）和参考节点组成，为了便于用户获得位置信息，还需要一个与用户进行交互的控制终端和一个 ZigBee 网关。

参考节点是一个位于已知位置的静态节点，这个节点知道自己的位置并可以将其位置通过发送数据包通知其他节点。盲节点从参考节点处接收数据包信号，获得参考节点位置坐标及相应的 RSSI 值并将其送入定位引擎，然后可以读出由定位引擎计算得到的自身位置。由参考节点发送给盲节点的数据包至少包含参考节点的坐标参数水平位置 X 和竖直位置 Y，而 RSSI 值可由接收节点计算获得。

一般来说参考节点越多越好，要得到一个可靠的定位坐标至少需要 3 个参考节点。如果参考节点太少，节点间影响会很大，得到的位置信息就不精确，误差大。

为了收集计算得到的数据和与无线节点网络交互，特定的控制系统是必需的。一个典型的控制单元是一台计算机，然而一个 PC 没有一个嵌入的无线接收器，因此接收器需要从外部接入，还需要一个 ZigBee 网关。ZigBee 网关的作用就是将无线网络连接到控制终端，所有位置计算都由盲节点来实现，所以控制终端不需要具备任何位置计算功能。它的唯一目的是让用户和无线网络进行交互，比如获得盲节点的位置信息。

## 8. ZigBee定位的应用范围有哪些？

ZigBee 定位广泛应用于智能电网、智能交通、智能家居、金融、移动 POS 终端、供应链自动化、工业自动化、智能建筑、消防、公共安全、环境保护、气象、数字化医疗、遥感勘测、农业、林业、水务、煤矿、石化等领域。

随着我国物联网正进入发展的快车道，ZigBee 也正逐步被国内越来越多的用户接受。ZigBee 技术也已在部分智能传感器场景中进行了应用。如在北京地铁 9 号线隧道施工过程中的考勤定位系统采用的便是 ZigBee，ZigBee 取代传统的 RFID 考勤系统实现了无漏读、方向判断准确、定位轨迹准确和可查询，提高了隧道安全施工的管理水平；在某些高档的老年公寓中，基于 ZigBee 网络的无线定位技术可在疗养院或老年社区内实现全区实时定位及求助功能。由于每个老人都随身携带一个移动报警器，遇到险情时可以及时按下求助按钮不但使老人在户外活动时的安全监控及救援问题得到解决，而且使用简单方便，可靠性高。

## 9. 什么是蓝牙？

蓝牙（Bluetooth），是一种无线个人局域网（Wireless PAN），最初由爱立信创制，后来由蓝牙技术联盟制订技术标准。这个词的来源是 10 世纪丹麦和挪威国王蓝牙哈拉尔（丹麦语：Harald Blåtand Gormsen），借国王的绰号“Blåtand”

当作名称，直接翻译成中文为“蓝牙”（blå =蓝，tand =牙）。

蓝牙，是一种支持设备短距离通信（一般10m内）的无线电技术，采用分散式网络结构以及快跳频和短包技术，支持点对点及点对多点通信，工作在全球通用的2.4GHz ISM（即工业、科学、医学）频段，其数据速率为1Mbit/s。采用时分双工传输方案实现全双工传输。

蓝牙技术规定每一对设备之间进行蓝牙通信时，必须一个为主角色，另一个为从角色，才能进行通信。通信时，必须由主端进行查找，发起配对，建链成功后，双方即可收发数据。理论上，一个蓝牙主端设备可同时与7个蓝牙从端设备进行通信。一个具备蓝牙通信功能的设备，可以在两个角色间切换，平时工作在从模式，等待其他主设备来连接，需要时转换为主模式，向其他设备发起呼叫。一个蓝牙设备以主模式发起呼叫时，需要知道对方的蓝牙地址，配对密码等信息，配对完成后，可直接发起呼叫。

蓝牙的技术特点有以下几方面：

（1）工作于ISM频段，无需申请许可；

（2）发射功率小、而且具有自适应性，无电磁波污染；

（3）采用ad hoc方式工作，采用无基站组网方式，可方便地实现自组织网络；

（4）采用快速调频技术，抗干扰能力强；

（5）采用快速确认机制，能在链路情况良好时实现较低编码开销；

（6）采用CVSD语音编码，在高误码情况下也可以工作；

（7）宽松链路配置。

## 10. 蓝牙定位的典型方案有哪些?

2012年8月，三星、高通、诺基亚、索尼、MTK等22家公司共同成立了室内定位联盟（In-Location Alliance），希望基于蓝牙 4.0 技术为用户提供室内定位的服务。

（1）诺基亚方案

蓝牙室内定位技术的代表 Nokia，推出了 HAIP 的室内精确定位解决方案，采用基于蓝牙的三角定位技术，除了使用手机的蓝牙模块外，还需要部署蓝牙基站，最高可以达到亚米级定位精度。

（2）苹果方案

iBeacons 是苹果在 2013 年 WWDC 上推出的一项基于蓝牙 4.0（Bluetooth LE | BLE | Bluetooth Smart）的精准微定位技术，当你的手持设备靠近一个 Beacon 基站时，设备就能够感应到 Beacon 信号，范围可以从几毫米到 50 米。iBeacons 相比较于原来的蓝牙技术有几个特点：首先它不需要配对，苹果在之前对蓝牙设备的控制比较严格，所以只有通过 MFI 认证过的蓝牙设备才能与 iDevice 连接，而蓝牙 4.0 就没有这些限制了；准确度与距离，普通的蓝牙（蓝牙 4.0 之前）一般的传输距离为 0.1 ~ 10m，而 iBeacons 信号可以精确到毫米级别，并且最大可支持到 50m 的范围；功耗更低，蓝牙 4.0 又叫低功耗蓝牙，一个普通的纽扣电池可供一个 Beacon 基站硬件使用两年。

所有搭载有蓝牙 4.0 以上版本和 iOS7 的设备都可以作为 iBeacons 技术的发射器和接收器。

（3）高通方案

2013 年 12 月高通发布 Gimbal 传感器：作为高通情景感知平台主打产品，Gimbal 采用 Bluetooth Smart 蓝牙定位技术（精确度可达 1 英尺，约合 30.5 厘米），能够让商家综合考虑顾客的包括位置、活动、时间、兴趣等信息，构建营销系统，比如查看顾客入店轨迹、推送促销活动、折扣等。

高通专门为开发者提供 SDK 和管理平台，方便开发者利用这款芯片开发短距离追踪应用程序。目前，iOS 版已上线，Android 版随后上线。

Gimbal 传感器目前有两种规格，分别是 28×40×5.6mm 的 10 系列，以及 95×102×24mm 的 20 系列。

## 11. 蓝牙定位的应用场景有哪些?

由于蓝牙设备体积小易集成于手机中，所以用于手机定位是比较适合的，另外，可穿戴设备是蓝牙技术新的增长点。有人称，未来室内定位 / 微室内定位，可能是蓝牙下一个应用爆发点。

例如，2013 年 9 月苹果推出 iBeacon，据蓝牙技术联盟首席市场官卓文泰称，采用了蓝牙 4.0 技术。实际上，iBeacon 是下一代非常重要的蓝牙技术。这项技术将被用来支持微定位（micro-location）和购物功能，比如室内定位、发送优惠券和 GPS 坐标等信息到辐射范围内的任何设备——辐射范围据称可达 50m，高于 NFC 的 4 ~ 20cm。Beacon 的单价在 20 ~ 30 美元之间，非常利于普及。

iBeacon 还有一个案例，PayPal 公司，eBay 下面的一个公司，应用在商务当中，就是人们可以用 PayPal 进行支付，而不是信用卡。Beacon 将允许用户不用拿出手机就完成支付。安装在销售终端的 USB 适配器会在运行 PayPal 应用的设备出现时通知商户，然后根据实际情况向设备发送内容，如个性化的促销活动或取货信息。在购物时，你可以告知工作人员你正在使用 PayPal 来加速购物过程，或者干脆设置成下次进入时自动 check in（登记）。

未来，人们在商场购物时，可以很快找到需要的商店和各个出口。在医院等陌生场所，轻松找到各个诊室。

## 12. 什么是UWB?

UWB（Ultra WideBand）是一种短距离的无线通信方式。其传输距离通常在10m以内，使用1 GHz以上带宽，通信速度可以达到几百Mbit/s以上。UWB不采用载波，而是利用纳秒至微微秒级的非正弦波窄脉冲传输数据，因此，其所占的频谱范围很宽，适用于高速、近距离的无线个人通信。FCC规定，UWB的工作频段范围从3.1GHz ~ 10.6 GHz，最小工作频宽为500MHz。

超宽带传输技术和传统的窄带、宽带传输技术的区别主要有如下两个方面。一个是传输带宽，另一个是采用不采用载波方式。从传输带宽看，按照美国联邦通信委员会FCC的定义：信号带宽大于1.5G或者信号带宽与中心频率之比大于25%的为超宽带。超宽带传输技术直接使用基带传输。其传输方式是直接发送脉冲无线电信号，每秒可以发送数10亿个脉冲。然而，这些脉冲的频域非常宽，可覆盖数Hz ~数GHz。由于UWB发射的载波功率比较小，频率范围很广，所以，UWB相对于传统的无线电波而言，相当于噪声，对传统的无线电波影响相当小。UWB的技术特点显示出其具有传统窄带和宽带技术不可比拟的优势。

UWB之所以受到关注，主要是由于其技术特性上有其他无线通信系统无法相比的优势。除了高传输速率、低发射功率以外，结构简单、抗干扰能力强和安全性高也是优点。

## 13. UWB定位原理和系统组成是怎样的?

UWB定位技术属于无线定位技术的一种。目前最常用的无线定位技术主要有信号到达角度测量（AOA）技术、到达时间定位（TOA）和到达时间差定位（TDOA）等。其中，TDOA技术是目前最为流行的一种方案，UWB定位主要采用的也是这种技术。

基于 UWB 的室内定位系统包含三部分：电池供电的活动标签，能够发射 UWB 信号来确定位置；位置固定的传感器，能够接收并估算从标签发送过来的信号；以及综合所有位置信息的软件平台，获取、分析并传输信息给用户和其他相关信息系统。以英国 Ubisense 公司基于 UWB 的室内定位系统为例，如图 2-20 所示。

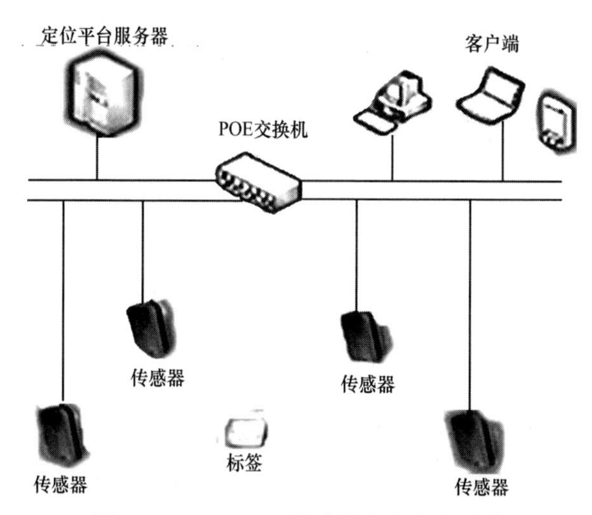


图 2-20　Ubisense 超宽带室内定位系统

在该系统中，标签发射极短的 UWB 脉冲信号，传感器接收此信号，并采用综合的测量手段来计算标签的位置。由于采用了 UWB 技术，加上 Ubisense 独特的传感器功能，确保了较高的定位精度和室内应用环境的可靠性。传感器通常按照蜂窝单元（Cell）的形式进行组织，典型的划分方式是矩形单元，附加的传感器根据其几何覆盖区域进行增加；每个定位单元中，主传感器配合其他传感器工作，并与单元内所有检测到位置的标签进行通信；通过类似于移动通信网络的蜂窝单元组合，能够做到较大面积区域的覆盖。

标签的位置通过标准以太网线或无线局域网，发送到定位引擎软件；定位引擎软件将数据进行综合，并通过API接口传输到外部程序或Ubisense定位平台，实现空间信息的处理以及信息的可视化；由于标签能够在不同定位单元（Cell）之间移动，定位平台能够自动在一个主传感器和下一个主传感器之间实现无缝切换。在建立系统时，需要对整体的多单元空间结构指定3D参考坐标系。当标签在参考坐标系内的多个单元中移动时，可视化模块能够实时显示标签位置。

### 14. UWB定位的应用场景有哪些?

UWB定位系统具备精确的定位能力。上面介绍的Ubisense的UWB定位系统具有高达15cm的3D定位精度，使得用户能够完成一系列的新型应用。例如设备的精密时间与空间定位，如在仓库中将货物、设备的位置信息与条形码扫描仪的数据相结合；在仓库中将叉车放置货物时叉车的位置数据与货盘或垫板的ID数据结合，实现货盘中货物的定位；物体间关联信息自动检测，如在无需人工输入情况下，检测出相似于某特别类型的小车或其他模型，并选择正确的程序来驱动这个自动机械工具；在汽车制造厂最后的质量检测阶段，进行车辆的识别与定位；监控紧急状况中雇员是否已经到达指定区域，或决定是否真正缺人并需要外协等。

## ☞【混合定位子篇】

### 1. 混合定位出现的背景是什么?

任何一种单独的定位算法都有其局限性。例如：卫星定位算法虽然精确度较高，但由于卫星信号对建筑的遮挡比较敏感，因此其使用环境的限制较多；而基站定位技术对建筑遮挡不敏感，但其定位精度较差；Wi-Fi 定位技术可以大大提高室内定位精度，但是其应用范围也局限在 Wi-Fi 覆盖区域。因此综合运用多种定位技术的混合定位显得尤为必要，通过各种定位手段的优势互补，混合定位技术可以根据客户提供的定位信息提供最优的定位结果，尽可能满足客户对定位覆盖范围、定位精度以及定位成功率的综合要求，从而获得较好的客户体验。

## 2. 什么是混合定位?

混合定位是指定位能力平台通过多种定位技术手段的综合运用，来提供满足客户需求的位置服务。

高通公司的 gpsOne 定位技术就是典型的混合定位技术，该技术包含的定位算法既有 A-GPS 卫星定位算法，也有 AFLT、MCS、CS 等纯基站定位算法。

移动互联网基本采用混合定位技术，将 GPS 定位、基站定位、Wi-Fi 定位、IP 定位等多种定位技术融合在一个定位平台中，为用户提供良好的定位业务体验。

下面将详细介绍典型的混合定位技术，gpsOne 定位与移动互联网混合定位。

## 3. 什么是gpsOne?

gpsOne 是高通公司提出的一种基于 CDMA 网络的网络辅助定位解决方案。该技术融合了 A-GPS 卫星定位算法和 AFLT 三角定位法等众多的基站定位算法。在终端能够接收到 GPS 卫星信号时采用 GPS 定位方式，当终端在室内或者接受卫星信号不好的环境时采用 CDMA 基站信号实现基站定位，满足室内室外的全覆盖定位，是实现高精度、高可用性的定位方案。

gpsOne 定位包含的定位算法主要有 A-GPS，Hybrid，AFLT，MCS，CS，BS region。

A-GPS 算法——网络辅助 GPS。其基本原理是定位平台在无线网络的辅助下完成初始位置估算，产生捕获辅助数据，并通过无线网络下发给终端。终端在辅助数据的帮助下完成伪距测量等后续工作，最终完成 GPS 定位计算。

Hybrid 算法——混合定位算法。其基本原理是在终端可见的卫星数量少于四颗时，由 GPS 卫星和 CDMA 基站共同参与并完成三角定位计算。该算法的定位精度介于 AGPS 和基站定位之间。

AFLT——先进的前向链路三角定位算法。定位的原理为终端通过测量来自不同基站前向导频信号的码片偏移量来推算终端到不同基站发射天线的距离差，再根据 BSA（基站历数或基站数据库）中记录的基站发射天线的位置信息，通过三角公式计算出终端的位置。

MCS 算法——多小区中心算法。定位的原理为终端检测到周边多个小区后，选取信号强度比较好的小区，通过一定的算法，确定出多个小区组合区域的中心位置，作为定位结果输出。

CS 算法——单小区定位算法，定位原理为当终端仅能搜索到一个 CDMA 小区时，将该小区的中心作为本次定位的结果。

BS region 算法——基站区定位，使用 SID 和 NID 区域内所有基站组成区域的中心点作为本次定位的结果。

gpsOne 技术的灵魂是 A-GPS 与 AFLT 等基站定位算法的有机融合。由于 AFLT 算法的基础是基站前向链路导频相位码片偏移量的测量，而导频和码片偏移量等概念是 CDMA 网络所特有的，因此目前 gpsOne 技术仅用于 CDMA 网络。当然除了 AFLT 是 CDMA 网络独有的定位算法外，A-GPS、MCS、CELLID 等定位算法其他移动网络一样可以用。其中 A-GPS 特别重要，后面章节将详细介绍 A-GPS 定位技术。

## 4. gpsOne每种定位算法的定位精度如何?

gpsOne 各种定位算法的精度大致如表 2-5 所示。

**表 2-5　gpsOne 各种定位算法的理论精度**

| 计算方式 | 说　明 | 场　景 | 定位误差 |
| --- | --- | --- | --- |
| AGPS | 网络辅助GPS定位：终端在CDMA网络的辅助下锁定GPS卫星，测量卫星伪距，由平台或终端完成位置计算 | 开阔环境（终端能收到4颗以上GPS卫星的信号） | 5～50m |
| Hybrid | 混合定位：卫星伪距和CDMA基站信号同时参与计算的一种定位算法 | 半开阔环境（终端收到4颗以下GPS卫星的信号） | 30～200m |
| AFLT | 先进的前向链路三角定位算法：由终端测量周边基站的PPM时延，平台根据该时延及基站的位置，利用三角算法计算终端位置 | 室内定位（无卫星信号，能同时收到4个以上可用的PN信号） | 70～300m |
| Mixed Cell Sector | 多扇区定位：计算多个扇区的几何中心位置 | 室内定位（无卫星信号，且可用的PN数小于4） | 200～500m |
| Cell Sector | 单扇区定位：使用目前服务基站扇区中心位置 | 室内定位（无卫星信号，且只有1个可用的PN） | 200～2000m |
| BS region | 基站区定位：使用SID和NID区域内所有基站组成区域的中心点，误差很大 | 深度室内（BSA数据不全） | 10km以上 |

## 5. gpsOne定位算法的选择策略如何？

在 gpsOne 的初定位阶段，定位终端测量服务小区和周边相邻小区的导频相位偏移量等参数，并上报定位能力平台。平台尝试用 AFLT、MCS、CS 等多种算法进行计算，并对各种算法得出的 HEPE“水平不确定度”进行综合评估，最后选择“水平不确定度”最小的一种定位算法产生的结果作为初定位的结果。

在 gpsOne 的终定位阶段，定位终端测量当前可见的 GPS 卫星的伪距，同时还要再次测量服务小区和周边相邻小区的导频相位偏移量等参数，并上报定位能力平台。平台尝试用 AGPS、Hybrid、AFLT、MCS、CS 等多种算法进行计算，并对各种算法得出的“水平不确定度”进行综合评估，最后选择“水平不确定度”最小的一种定位算法产生的结果作为终定位的结果。

## 6. 什么是MS-A模式和MS-B模式？

根据最终位置计算所在端的不同，通常有 MS-Assisted 和 MS-Based 两种方案。

MS-Assisted 方式中，初定位和终定位结果的计算都是在定位能力平台完成的。移动终端的作用相当于传感器或探测器，用于测量卫星和基站天线到终端的距离。定位能力平台利用蜂窝网络向移动终端下发 GPS 卫星捕获辅助数据（AA 数据），移动终端在辅助数据的协助下快速锁定 GPS 卫星，并进行伪距测量。终端将伪距测量结果通过蜂窝网络传输给定位服务器，定位服务器根据伪距信息，并结合基站导频辅助定位信息，计算出最终的位置坐标，返回给设备。MS-A 模式允许室内场景下的定位。

MS-Based 方式中，定位能力平台利用蜂窝网络向移动终端直接下发星历数据，移动终端接收原始 GPS 信号，解调并进行一定处理，根据处理后的信息进行位置计算，得到最终的位置坐标。即 MS-B 模式下，初定位结果的计算是在定位能力平台上完成，而终定位结果的计算则是在终端上完成。MS-B 模式支持高频次的定位应用（例如导航应用要求每秒定位一次），但只能在室外环境下应用。

表 2-6 对 MS-Assisted 和 MS-Based 模式的区别进行了描述。

**表 2-6　MS-assisted 和 MS-based 模式的区别**

| | MS-Assisted | MS-Based |
| --- | --- | --- |
| 描述 | 服务器完成位置运算 | 手机完成位置运算 |
| 网络传递辅助数据消息大小 | 使用SA，两者一样大；不使用SA，MS-assisted是MS-based的1/6 | |
| 可选的解决方案 | 全部 | 仅GPS |
| 发送辅助数据 | 每次定位需发送一次 | 在1-2小时内可以重用 |
| 应用场景 | 非频繁定位的应用（车辆轨迹追踪等），基于网络的应用 | 导航，基于手机侧的应用（需要经常定位） |
| 运营商的控制力 | 强，位置信息在服务器上，可以回传到手机 | 受限，定位频率和结果的应用依靠手机上的应用 |
| 辅助数据发送的渠道 | 用户面 /控制面 | 仅用户面 |

## 7. gpsOne定位的组网架构是怎样的?

gpsOne 定位系统的整体架构由卫星、终端、CDMA 无线网络和定位能力平台四大部分构成，其中定位能力平台包括 MPC、PDE、WARN 站等网元，如图

2-21 所示。

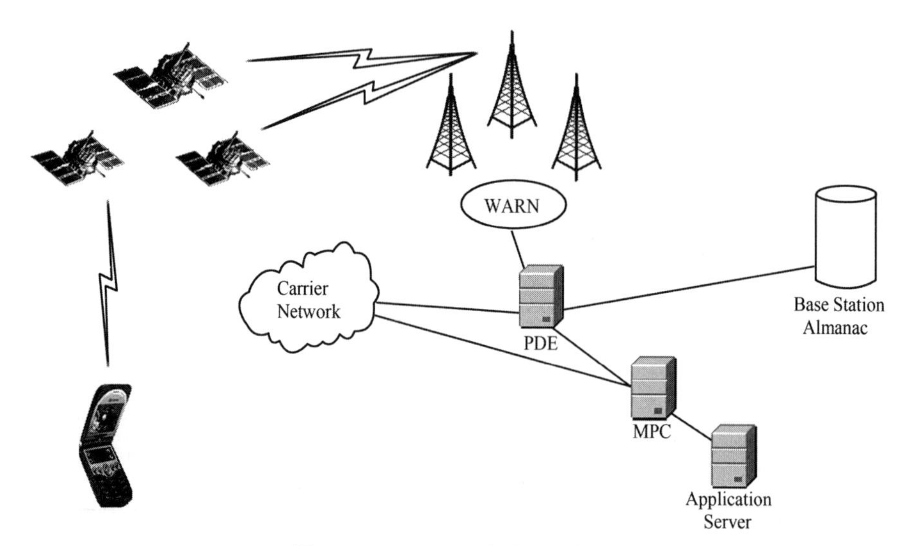


图 2-21 gpsOne 定位网络架构

主要网元的功能说明如下。

（1）定位网元（PDE，定位服务器）

1）为手机提供定位支持（辅助数据）；

2）在 ms-assisted 模式中，利用手机和网络提供的数据进行定位运算；

3）在 ms-based 模式中，向手机提供年历、星历以及初定位信息，协助手机完成运算。

（2）移动位置中心（MPC）

1）负责定位请求的管理；

2）与 PDE 接口；

3）与手机应用、应用服务器接口，处理与业务有关的事务（鉴权、计费、业务触发、通知、证实）。

（3）广域参考网（WARN）

1）接收 PDE 管辖范围内可见的所有卫星的数据；

2）监控卫星的健康状况；

3）将下列数据发送到 PDE，辅助手机进行定位。

① 年历和星历数据；

② 差错修正；

③ GPS 数据比特。

（4）基站历书 BSA 数据

1）加载到 PDE 中的数据库，包含了无线网络中的扇区位置信息；

2）为初始位置计算提供依据。

（5）终端（MS）

1）提供终端能力，服务基站及导频测量；

2）利用辅助数据进行 GPS 定位计算。

## 8. gpsOne定位的典型流程是怎样的?

下面以一个标准的第三方单次定位过程对 gpsOne 定位的典型流程进行说明，如图 2-22 所示。

步骤 A. LCS CLIENT 通过 L1/Le 接口向 MPC 发送定位请求。消息中包含 CP 标识 LCS CLIENTID、查询发起者标识 ORID、服务质量 PQoS 和目标 MS 的用户标识。

步骤 B. MPC 对 LCS CLIENT 和目标 MS 进行鉴权，检查 LCS Client 和目标 MS 是否已经签约，发起定位的用户是否有权获取目标 MS 的位置信息。如果隐私检查未通过或者不能满足该定位请求，MPC 通过 L1/Le 接口消息拒绝 LCS

CLIENT 的定位请求；否则 MPC 通过专用短信中心向目标 MS 发送一个 MT SMS(移动台终止短消息)Positioning Request 定位请求。

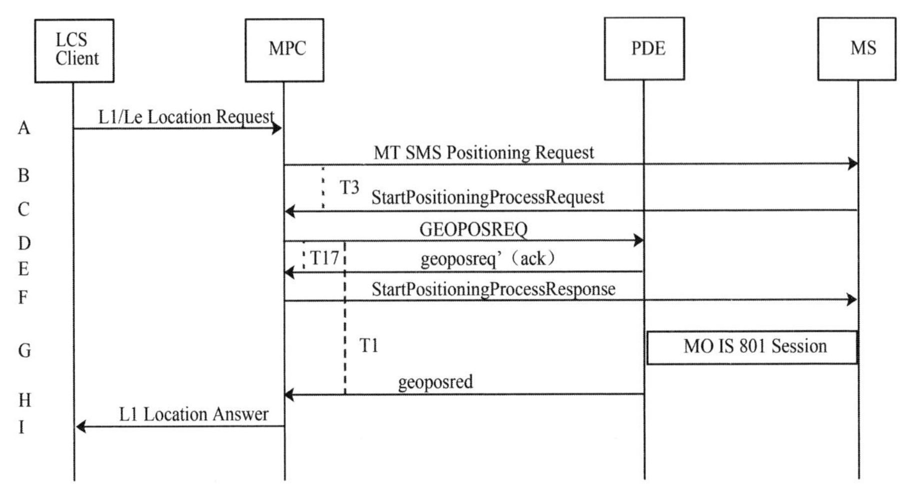


图 2-22　网络发起的单次定位流程

步骤 C.　MS 向 MPC 发送 StartPositioningProcessRequest 消息，同意定位。

步骤 D.　MPC 使用 GEOPOSREQ 消息向 PDE 发送定位请求。携带 Session ID 、Positioning Method、用户 IMSI 等信息。

步骤 E.　PDE 向 MPC 返回一个 geoposreq' 消息，证实它准备接受来自 MS 的 IS-801 消息。

步骤 F.　MPC 向 MS 发送包含所用 PDE 地址和端口号的 StartPositioningProcessResponse 消息。

步骤 G.　PDE 与 MS 之间交互 IS801 消息。定位实体在最后一条 IS801 消息中向 MS 发送真实的位置结果。

步骤 H.　PDE 使用 geoposreq' 消息向 MPC 返回定位结果。

步骤 I.　MPC 通过 L1/Le 接口向 LCS CLIENT 返回定位结果。

其中，步骤 G 是终端 MS 同 PDE 之间的 IS-801 交互。IS-801 定义了辅助数据、测量结果和定位协议，包括 A-GPS 和高级前向链路三角定位技术（AFLT）的内容，支持辅助信息采集（MS-A）和星历（MS-B）两种辅助信息。IS-801 工作交互如图 2-23 所示（以 MS-A 模式为例）。

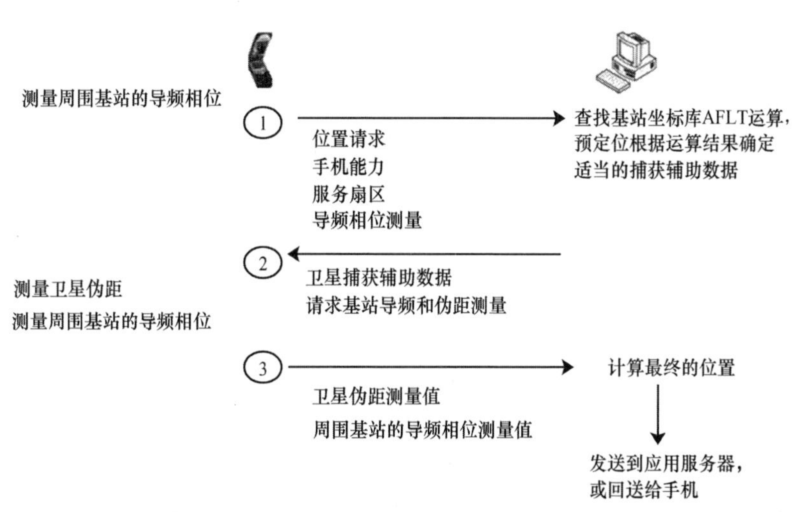


图 2-23　gpsOne 定位流程（MS-A 模式为例）

## 9. IS-801协议定义的消息和典型流程如何?

（1）IS-801 协议定义了以下手机与 PDE 之间的协议消息单元，如表 2-7 和表 2-8 所示。

表 2-7　IS-801 规定的手机请求 /PDE 响应的消息

| Mobile Request Element Type | PDE Response Element Type |
|---|---|
| Request BS Capabilities | Provide BS Capabilities |
| Request GPS Acquisition Assisance | Provide GPS Acquisition Assisance |
| Request GPS Location Assistance-Spherical Coordinates | Provide GPS Location Assistance-Spherical Coordinates |

续表

| Mobile Request Element Type | PDE Response Element Type |
|---|---|
| Request GPS Location Assistance-Cartesian Coordinates | Provide GPS Location Assistance-Cartesian Coordinates |
| Request GPS Sensitivity Assistance | Provide GPS Sensitivity Assistance |
| Request Base Station Almance | Provide Base Station Almance |
| Request GPS Almanac | Provide GPS Almanac |
| Request GPS Ephemeris | Provide GPS Ephemeris |
| Request GPS Navigation Message Bits | Provide GPS Navigation Message Bits |
| Request Location Response | Provide Location Response |
| Request GPS Almanac Correction | Provide GPS Almanac Correction |
| Request GPS Satellite Health Information | Provide GPS Satellite Health Information |

**表 2-8　IS-801 规定的 PDE 请求 / 手机响应的消息**

| PDE Request Element Type | Mobile Request Element Type |
|---|---|
| Request Mobile Information | Provide Mobile Information |
| Request Autonomous Measurement Weighting Factors | Provide Autonomous Measurement Weighting Factors |
| Request Pseudorange Measurements | Provide Pseudorange Measurements |
| Request Pilot Phase Measurements | Provide Pilot Phase Measurements |
| Request Location Response | Provide Location Response |
| Request Time Offset Measurement | Provide Time Offset Measurement |
| Request Cancellation | Provide Cancellation Acknowledgement |

（2）IS-801 协议典型的 MO 和 MT 呼叫流程，如图 2-24 和图 2-25 所示。

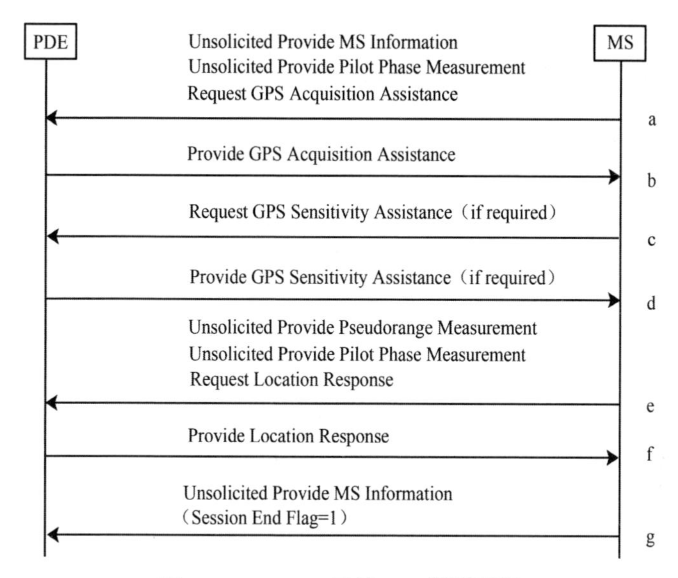


图 2-24　IS-801 协议 MO 呼叫流程

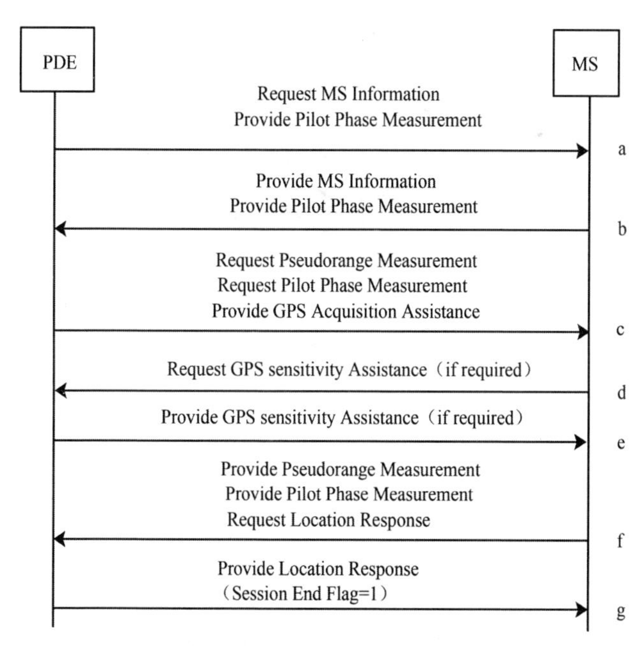


图 2-25　IS-801 协议 MT 呼叫流程

## 10. 地表高度数据库有什么作用?

在进行定位计算时，地表高度即地球上某点的高度数据可以作为一个定位运算的有效输入，可以减少一次定位运算所必须的伪距测量。地表高度值越精确，定位精度就越高。A-GPS 定位服务器内配置高精度的地表高度数据库，可以参与定位运算，提高定位精确度。如图 2-26 所示为地表高度示意图。

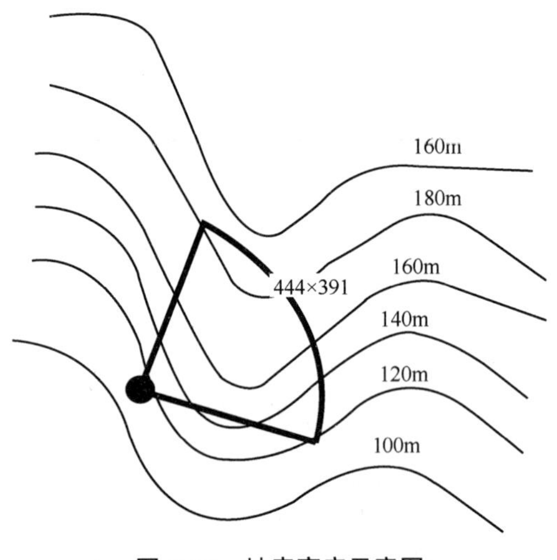


图 2-26　地表高度示意图

## 11. 通话和上网对gpsOne定位有什么影响?

由于 gpsOne 定位采用基于用户面的通信方式，使用 TCP/IP 协议传递消息，在定位过程中需要终端能够保持移动上网状态。使用 2G/3G 数据上网时，上网接入点要设为“CTWAP”才能使用 gpsOne 定位。由于 CDMA 网络不支持定位与语音业务的并发，因此语音通话状态下的终端将无法进行 gpsOne 定位。

## 12. 什么是A-GPS?

A-GPS 指网络辅助的 GPS 定位技术。这里的网络一般指移动通信网。该技术可以明显降低 GPS 接收机从开机工作到进入定位状态的耗时。

A-GPS 基本思想是通过在卫星信号接收效果较好的位置上设置若干参考 GPS 接收站点，并利用 A-GPS 服务器通过与终端的交互，通过终端提供的移动网络基站等数据获得终端的初步位置，然后通过移动网络将该终端需要的星历和时钟等辅助数据发送给终端，由终端进行 GPS 定位测量。测量结束后，终端可自行计算位置结果或者将测量结果发回到 A-GPS 服务器，服务器进行计算并将结果发回给终端。同时后台 SP 可获取位置信息为其他服务应用。其网络组成如图 2-27 所示。

图 2-27 A-GPS 网络示意图

## 13. 引入A-GPS的原因是什么?

在网络辅助技术出现之前，GPS 接收机冷开机（内部没有可用的精确星历）之后，首先至少需要 20 秒的时间用于对所有可能的频率空间以及码延迟空间进行搜索，然后需要 30 秒的时间来解码发送时间及星历数据，因此首次定位时间最少大概需要 1 分钟。引入网络辅助技术之后，接收机不再需要“亲自”下载星历数据，这些工作交由定位能力平台完成，此外，在 A-GPS 技术中引入了初始位置估算等手段，接收机在频率空间和码空间的搜索范围明显减小，由此带来的好处是定位过程更加迅速，GPS 接收机冷开机后的首次定位等待时间缩小到秒级，且接收机的电力消耗会更少。

图 2-28 表示出了引入 A-GPS 后能够缩小时域和频域范围的卫星搜索窗口。

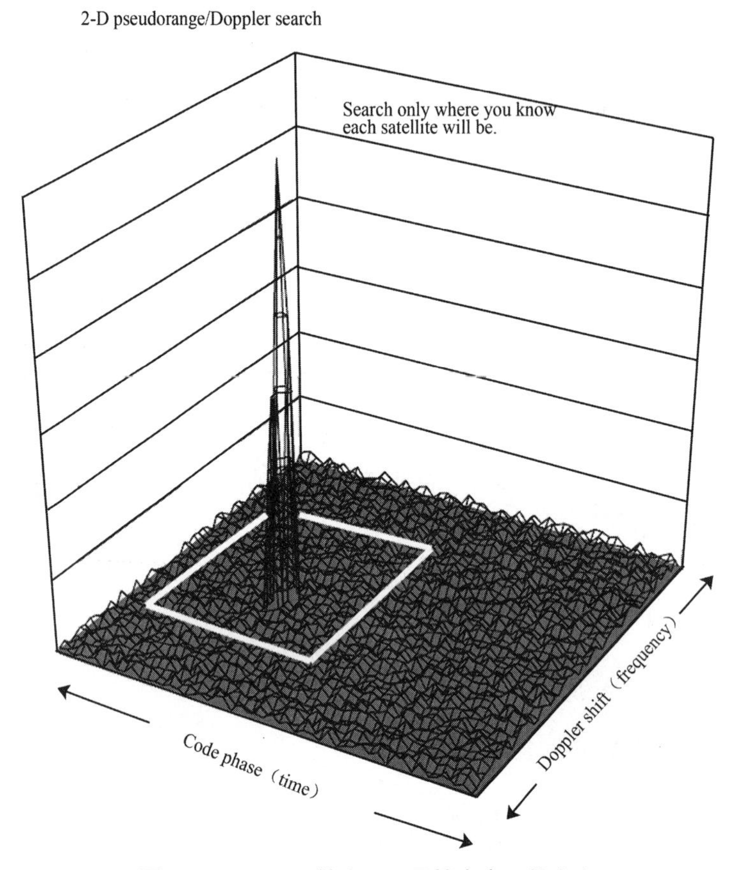


图 2-28　A-GPS 缩小了卫星搜索窗口的大小
2-D pseudorange/Doppler search：二维伪距 / 多普勒搜索
code phase：码相位　doppler shift：多普勒频移

## 14. 什么是初始位置估算?

在 A-GPS 定位流程中，定位的过程分两个阶段，分别是初定位阶段和终定位阶段。初定位也被称为初始位置估算，终端将与位置有关的 CDMA 网络信息提供给定位服务器（服务基站的 ID，以及基站的导频相位），定位能力平台利用基站定位的方法，对终端的大致位置进行确定。初始位置估算的目的是为定位能力平台提供一个大致可信的位置，使其能够生成捕获辅助数据或精确星历，手机仅需要搜索更小的频率 / 时间区域，加快终定位的过程。

需要指出的是，随着 Wi-Fi 接入方式的广泛应用，利用 Wi-Fi 热点数据库进行初始的位置估算，也可以成为 A-GPS 中用于初始位置估算的有效方式。

## 15. 为什么A-GPS技术可以减小伪距搜索空间？

伪距搜索空间指 GPS 接收机在时域内搜索并匹配出 GPS 卫星 C/A 码的动态范围。这个范围越小，接收机的搜索时间就越短，对电池的消耗也越少。

由于在 A-GPS 技术中引入了基于基站定位技术的初始位置估算过程，即终端在地球上的大致范围已知，且定位能力平台事先已掌握了有关卫星的精确星历数据，即该终端可见范围内的 GPS 卫星的位置已知。因此终端到卫星的大致距离是已知的，所以在 A-GPS 定位过程中的伪距搜索环节仅需要在小范围内进行，如图 2-29 所示。（其中横坐标为伪距搜索空间）。

在实际应用中，GPS 接收机的处理资源是固定的，其完成一次定位操作的时间也是有明确要求的。如果能明显减少接收机的伪距搜索空间，则接收机可以更加高效地使用其处理资源，可以执行更长的伪距搜索。更长的伪距搜索可以提高 GPS 信号的敏感度，这意味着可以搜索到更多的卫星和更准确的伪距测量。最终改善 GPS 定位的精度和成功率。

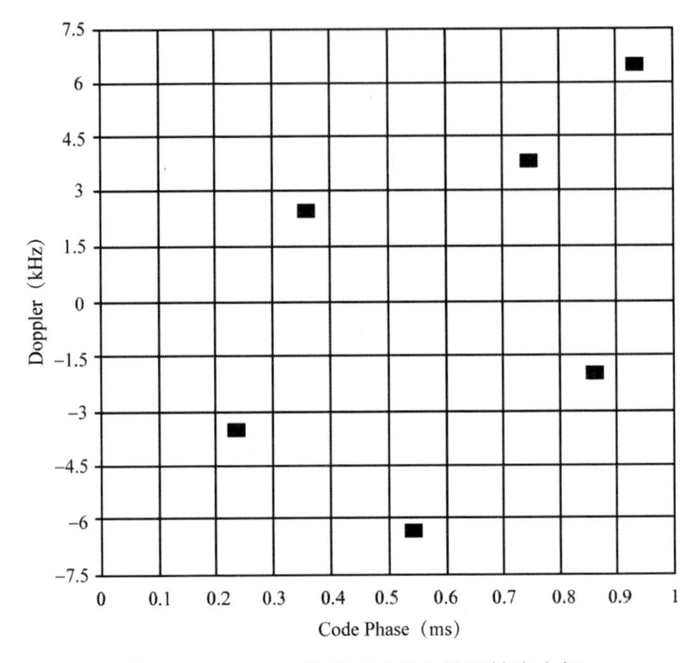


图 2-29　A-GPS 技术明显缩小伪距搜索空间

## 16. 移动互联网混合定位技术原理是怎样的？

在混合定位场景下，终端根据当前所处的信号环境以及自身的信息采集能力，将 GPS 卫星信息、Wi-Fi 信息、基站扇区信息、IP 地址的一种或几种信息通过数据通道上报给混合定位平台，混合定位平台根据终端采集的信息对定位请求进行处理。目前已有很多关于“混合定位”的研究，主要的解决方法优先选择定位精度高的算法。当有多种类型的定位信息上报时，首先判断有没有 GPS 信息，如有则信任 GPS 数据，并以此为位置数据返回给终端。没有 GPS 时，可以根据 Wi-Fi 或者基站信息分别进行定位计算，然后通过以往的定位经验得出的置信度等数据做出位置选择；也可以采用 Wi-Fi 和基站混合定位，将基站和 AP 视为同类信号对待，在一个算法里面，例如指纹定位中进行定位计算。但在算法的细节处理上有所区别，比较常用的做法是：（1）当基站信号覆盖区域包括 AP 覆盖区域时，仅根据 AP 信号处理。（2）当基站信号覆盖区域与 AP 覆盖区域有交集时，AP 信号权重大于基站信号。（3）当基站信号覆盖区域与 AP 覆盖区域无交集时（说明基站或 AP 信息有误），信任基站信号。

混合定位的系统架构基本模型如图 2-30 所示。

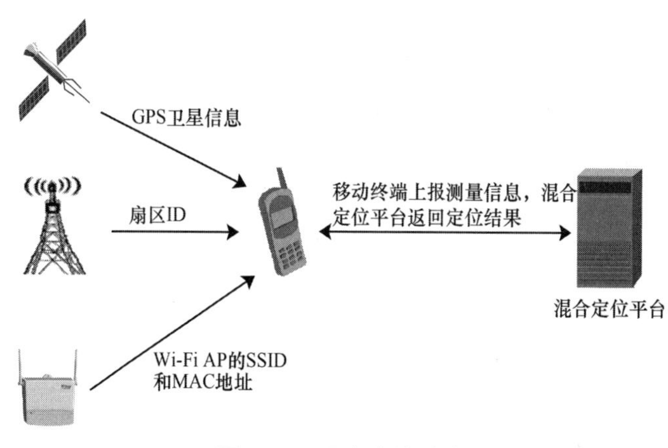


图 2-30　混合定位系统

## 17. 移动互联网混合定位需要解决的两大问题是什么？

互联网混合定位技术要解决的问题是如何把 Wi-Fi 定位、扇区定位和 GPS 定位等多种定位结合起来。第一个问题是平台侧如何选择合适的定位方式及定位算法，并完成基础定位信息数据库的建立；另一个问题是终端如何协调客户端以及 Wi-Fi 与 GPS 芯片的操作，给用户提供一种省电的、统一感知的位置服务。

以上问题中，系统如何选择合适的定位方式及定位算法，已经在前面关于移动互联网混合定位技术原理的提问中有所介绍，下面就对平台侧如何进行混合定位基础数据库的建立以及终端侧如何协调客户端与定位芯片的操作方式进行讨论。

## 18. 移动互联网混合定位的信息采集如何实现?

对于混合定位系统的后台定位数据建立来说，难点在于 Wi-Fi 热点及基站扇区位置数据的收集。这些信息的采集主要依靠终端 SDK 上报、人工路测以及直接购买三个途径来获得。

一是通过终端 SDK 上报方式采集，用户使用混合定位客户端时，定位 SDK 会把可能伴随产生的 GPS 定位结果、检测的 Wi-Fi 信号和基站扇区信息上报给混合定位平台，混合定位平台可以通过数据中的 GPS 定位结果和检测到的 Wi-Fi AP ID 和基站扇区 ID 的信息进行训练和学习，确定 Wi-Fi AP 和基站扇区位置或者是相对的位置关系。这种方式是最为重要的采集方式。

二是通过人工采集获取数据，混合定位提供商定期通过专门的采集设备，对城市的主要道路，热点覆盖区域（如机场、车站、广场、车库等）进行采集。一般来说，在道路、广场等室外开阔地区可采用车辆采集方式，车辆安装 GPS 定位系统和 WI-FI 采集终端，采集到 Wi-Fi AP 的 Mac 地址、SSID 和 RSSI 参数信息的同时根据 GPS 定位结果记录该 AP 的位置。对于机场、车库等室内封闭场所，可以通过 WI-FI 终端采集多个 Wi-Fi 信息的指纹信息。

三是通过直接购买获得数据，例如一些国家针对公共场所的 Wi-Fi 部署，Wi-Fi AP 设备厂商通常提供一套解决方案，不光提供了 Wi-Fi 设备，还提供了设备部署服务，因此，这些设备厂商掌握了许多 Wi-Fi AP 的位置情况，可以直接向他们购买这些数据库。而国内主要由运营商掌握自己的 Wi-Fi 和基站数据，不会对外出售。因此业界还存在专门提供路测信息库的第三方服务厂商，这些厂商通过热点区域信息采集，整理成标准的数据格式后出售给定位能力提供商或者位置服务提供商。

## 19. 移动互联网混合定位基础数据库的建立和完善是怎样的一个过程?

混合定位数据库的建立是一个长期、持续的过程。以Wi-Fi数据库的建立为例，一个原因是空间上的，由于Wi-Fi所处的频段是免许可频段，任何一个单位和个人都可以部署Wi-Fi AP，全国没有统一的Wi-Fi部署方案，因此也没有当前Wi-Fi AP位置的数据来源。第二个原因是时间上的，Wi-Fi接入技术是十分常用的技术，Wi-Fi接入点是一种可以自由架设的设备。这两点决定了Wi-Fi设备的布置总在随着使用需求不断变化。当人们发现某一个位置Wi-Fi信号弱时，他们可能去买一个新的无线路由器放在那里，一个新的Wi-Fi接入点就诞生了，而这个接入点还没有出现在Wi-Fi定位数据库中。另外，还可能一个租户从公寓中搬出，带走了原先长期布置在房间中的Wi-Fi接入点，新的租户把他的接入点带了进来。这时，Wi-Fi接入点的位置和MAC地址其实都变更了，因此数据库需要不断更新。

上述情况说明必须要有一种渐进的建立数据库的方法，而不能指望一次性的将混合定位数据库建成。因此，混合定位平台一般都有自学习功能，通过自学习算法来学习Wi-Fi接入点的位置数据。当用户打开GPS功能且GPS定位成功时，混合定位客户端同样会把GPS定位的结果、检测到的Wi-Fi信号和基站扇区信息上报给混合定位平台，这种带GPS定位结果的数据就是自学习数据。混合定位平台可以通过数据中的GPS定位结果和检测到的Wi-Fi AP ID和基站扇区ID的信息进行训练和学习，从而确定Wi-Fi AP和基站扇区位置。但不带GPS定位结果，而带了Wi-Fi AP信息和基站扇区信息的数据，也可以用与训练Wi-Fi AP和基站扇区之间的对应关系。很多有混合定位能力的提供商提供的地图客户端，在提供地图服务的同时也对混合定位平台的自学习采集相关的训练数据。

## 20. 移动互联网混合定位对终端侧定位芯片调用及客户端信息采集有何要求?

对于终端来讲，支持服务端的接口并进行 GPS 和 Wi-Fi 的测量本身毫无问题。但一旦加上省电这一需求，一切又变得异常复杂。省电，就要求限制客户端的一些能力，比如说可能需要关上 GPS，可能需要关上 Wi-Fi，或者至少是把它们至于低电状态。而终端的位置正好是通过 GPS 或 Wi-Fi 获得的，如果关掉它们就无法获得位置。一些芯片厂商也在芯片上做文章，制作“适合定位混合定位的芯片”，这些芯片有很多省电的方法，比如调整 Wi-Fi 扫描方法，使得一般情况下 Wi-Fi 既保持扫描又不对所有频点同时扫描，从而达到省电目的。

混合定位的客户端主要功能是检测各种信号源数据并上传给定位平台，信号源数据包括 Wi-Fi 数据、基站扇区数据和 GPS 定位结果等。为保证混合平台数据采集的需求，客户端采集的数据越多越全面越好。同时，定位客户端一般还有一些定位业务逻辑，例如提示用户打开 Wi-Fi、GPS 功能，设定重复定位的定位时间间隔等功能。

# 【定位技术比较】

## 1. 几种定位技术有何区别?

本章节对典型的室内室外定位技术进行了介绍，接下来我们对这几类定位技术进行比较总结，从适用场景、定位精度、时延大小、终端要求以及典型应用几个方面分析它们的特点和区别，如表 2-9 所示。

表 2-9　定位技术比较

| 定位技术 | 适用场景 | 定位精度 | 时延大小 | 终端要求 | 典型应用 |
|---|---|---|---|---|---|
| GPS | 室外 | 小于10m | 首次冷启动至少需要1分钟左右 | 带GPS芯片终端 | 交通运输、海洋渔业、国防安全等领域 |
| 基站定位 | 室内外基站信号覆盖区域 | 基站半径相关，精度粗，从几百米到几十公里不等 | 小于3s | 所有移动终端 | 车辆调度、员工管理等场景 |
| Wi-Fi定位 | Wi-Fi信号覆盖区域，主要用于室内场景 | 小于10m | 小于2s | 有Wi-Fi功能终端 | 大型展会、商场等对室内定位精度要求较高的场景 |
| IP定位 | 适用场景很少，主要作为定位辅助手段 | 城市范围 | 小于2s | 有数据业务终端 | 天气预报等对精度要求不高的场景 |
| RFID、ZigBee、蓝牙、UWB等新兴定位 | 有RFID、蓝牙、ZigBee、UWB等网络部署区域 | 小于10m | 小于2s | 支持RFID等特制终端 | 图书馆、地下车库、矿井、厂房等室内环境 |
| gpsOne定位 | 室内外基站信号覆盖区域 | 室外小于10m，室内约300m | 小于20s | 带gpsOne芯片终端，被定位终端不能处于通话状态 | 企业外勤、司法管理、儿童监护等应用 |
| 移动互联网混合定位 | 室内外 | 定位方式不同，从几米至几百米 | 小于3s | 智能终端，其中苹果终端只能使用苹果自主开发的定位能力 | 适合移动互联网定位应用场景，如百度地图、大众点评、微信“摇一摇”等 |

# 【产业链篇】

## 1. 位置服务的产业链主要包括哪些环节?

定位技术是通过不同的测量渠道和方法获得定位发起者的位置坐标的技术，而位置服务（LBS，Location Based Services 基于位置的服务）是结合位置而产生的增值服务。位置服务的产业链包括手机芯片、终端操作系统、定位能力引擎、定位应用、电子地图、深度 POI（Point Of Interests，兴趣点）、GIS（Geographic Information System 地理信息系统），产业链的各个环节涉及终端厂商、电信运营商、移动互联网服务提供商、应用提供商等角色，每个角色根据自我的优势和特点，对产业链中的不同环节造成影响。

位置服务产业链各环节的组网方式如图 3-1 所示。

上图中位置服务产业链中各个环节的作用介绍如下。

（1）芯片

芯片与定位技术密切相关，主流的定位技术 GPS 定位、基站定位、Wi-Fi 定位，均需要有与之对应的手机芯片 GPS 芯片、通信芯片、Wi-Fi 芯片，目前主流的手机基本具备上述全部芯片。

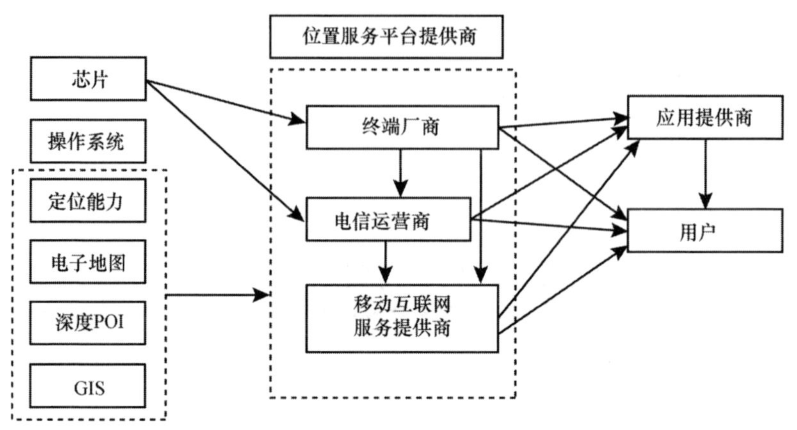


图 3-1 位置服务产业链组网图

（2）终端操作系统

终端芯片上的定位能力需要终端操作系统有相应的接口提供给应用程序调用。例如高通公司的 gpsOne 定位技术，gpsOne 芯片除了支持纯 GPS 定位以外，还支持两种辅助 GPS 定位模式：MS-Assisted 定位模式和 MS-Based 定位模式，在 Android 操作系统的 2.3 版本以前，只能提供 MS-Based 定位接口供定位应用调用，而无法提供 MS-Assisted 定位模式，这个问题在 Android2.3 版本以后得到改正。所以，终端定位能力的提供还需要终端操作系统和终端厂家的配合。

（3）定位能力引擎

定位能力引擎是由定位能力提供商提供的计算移动终端具体位置的软件或者组件，实现 AGPS、基站、Wi-Fi、IP，以及混合定位的定位算法，并维护和更新这些定位算法所需要的基础信息库，以满足定位算法的准确性需求。有些公司专注于定位能力引擎的开发，自身并不具备运营渠道和掌握客户资源，只是把定位能力引擎出售给定位能力提供商进行运营和提供服务。

（4）电子地图

电子地图是利用计算机技术，以数字方式存储和查阅的可视化地图，是位置服务不可或缺的一个组成部分。电子地图可以通过调整比例尺的大小进行放大、缩小，不同比例尺可允许不同的地图显示，比例尺越小，显示的地图信息量越精细。

（5）深度 POI

POI 指的是地图上的兴趣点，是地图的重要属性之一。POI 包括地点名称、类别、经纬度等信息。深度 POI 在基础 POI 的基础上，还包括更多丰富的信息内容，例如餐馆评价、联系电话、商家打折信息、酒店房间价格等等，信息分布非常广，细分领域非常分散，提供商也非常多。

（6）GIS

地理信息系统 GIS 具有采集、存储、查询、分析显示和输出地理数据的功能，是提供地理研究和地理信息服务的计算机技术系统。电子地图和 POI 信息是通过 GIS 系统展现给用户的。GIS 系统可分为基础平台软件和 GIS 应用软件两部分。GIS 基础平台技术复杂，专业门槛高，参与竞争的厂商比较少。GIS 应用软件市场分散，提供了细分行业的 GIS 应用系统及相关服务。

（7）位置服务平台

位置服务平台主要提供商包括终端厂商、电信运营商和移动互联网服务提供商三部分。

1）终端厂商

终端厂商，如苹果、三星、华为，可以看作定位芯片、终端操作系统、定位功能、位置服务应用程序的集成商，既要满足广大用户的移动互联网位置服务需求，可与移动互联网服务提供商合作，把常用的位置服务应用定制到终端里面，又要满足电信运营商的定制终端规范需求，把电信运营商要求的定位功能和要推广的位置服务应用定制到终端里面，争取获得运营商的大笔采购订单。

2）电信运营商

电信运营商在位置服务产业链中拥有最优质的网络资源，如中国移动、中国电信、中国联通国内三大电信运营商，可通过定制终端规范，把定位功能通过定制终端推广给用户；可与移动互联网服务提供商合作，把有合作关系提供商的定位应用定制到终端中，推广给用户使用；同时可以与定位能力引擎、电子地图、GIS、深度 POI 等服务提供商合作，建设位置服务平台对外提供服务。

3）移动互联网服务提供商

移动互联网服务提供商在位置服务产业链中拥有非常庞大的用户资源，如百度、google，可通过上层应用产品（如百度搜索、google 地图），使用自主研发的定位能力算法或者通过与定位能力引擎、电子地图、GIS、深度 POI 等服务提供商合作，作为位置服务提供商对外开放定位能力的接口，或者直接给最终用户提供服务。

（8）应用提供商

应用提供商本身不建设定位能力引擎，只是与位置服务提供商合作，把移动互联网应用与定位能力相结合，给用户提供位置服务。如大众点评网，允许 APP 应用获取用户当前位置，后台服务器结合位置，搜索出该位置附近的餐饮信息内容，反馈给用户，提供精准的信息服务。

## 2. 位置服务产业链的发展状况如何?

移动互联网和智能手机的发展和普及，使得位置服务产业链的发展更加成熟，产值更高，产业链各环节的发展状况如下。

（1）芯片

随着移动互联网和芯片技术的发展，目前 GPS 卫星定位、基站定位、Wi-Fi

定位、gpsOne定位技术已经非常成熟，对应的协议功能大多被芯片厂商集成到一个芯片中，因此也促进了混合定位技术的发展，但由于各种终端定制的芯片可能存在较大差别且定位SDK要同时兼容手机、平板等多种终端，混合定位技术可能要允许定位SDK上报数据中部分字段为空的情况。

目前，移动终端成本在逐渐降低，功能却在不断增强，越来越多的传感器被内置进终端，如加速度传感器、磁力传感器、方向传感器、陀螺仪等。其中，陀螺仪可以在GPS定位之后，增加方向的识别功能，解决用户在陌生地方分不清方向的问题。

（2）操作系统

操作系统负责调用底层硬件的能力接口，同时封装后供上层应用使用。目前，移动终端的操作系统主要是Android、iOS、BlackBerry、Windows Phone、linux等，根据2013年底IDC公布的统计数据来看，如表3-1所示，Android智能手机的出货量位居第一，市场占有率为78.6%；苹果iPhone出货量居于第二，市场占有率则为15.2%；Window Phone的出货量超过BlackBerry黑莓智能手机，位居第三，市场占有率为3.3%，黑莓的出货量位居第四，市场占有率为1.9%，其他操作系统的占有率为1%。2011 ~ 2013年智能手机操作系统市场占有率情况如表3-1所示。

**表3-1　2011～2013年智能手机操作系统市场占有率统计表**

| 年份/类型 | Android | iOS | Window Phone | BlackBerry | 其他 |
|---|---|---|---|---|---|
| 2012 | 49.2% | 18.8% | 1.8% | 10.3% | 19.8% |
| 2013 | 69.0% | 18.7% | 2.4% | 4.5% | 5.4% |
| 2014 | 78.6% | 15.2% | 3.3% | 1.9% | 1.0% |

各智能手机操作系统对底层硬件的接口开放性上有所区别，市场占有率前三名的操作系统中，Android 是最开放的，Windows 次之，iOS 最为封闭。但应用 APP 的生态链最完善的是 iOS，应用质量最好，最受应用开发者的欢迎；Android 受众用户最多，所以本文将主要讨论这两种操作系统的相关定位能力 SDK 的调用原理。

（3）定位能力

目前常用的定位技术包括：卫星定位（GPS）、基站定位、Wi-Fi 定位和传感器定位、IP 定位、混合定位，基本上已经成熟，被广泛应用于位置服务业务中。各位置服务提供商利用自己的优势和特点选择不同的定位能力：google 公司利用 Android 操作系统平台和丰富的 POI 资源、地图信息等内容，选择混合定位技术提供定位能力，处于世界领先地位。国内移动互联网服务提供商均选择混合定位技术，通过运营和开放位置服务能力 API 接口推广定位能力，目前百度公司在移动互联网定位能力调用次数上处于国内领先地位，腾讯公司正在利用街景地图等方式扩大其在位置服务领域的影响力。国内三大电信运营商除利用移动网络提供基站定位能力外，积极部署移动互联网混合定位能力，通过发布定制 SDK 把各种定位能力融合到移动终端和应用的开发链条中，促进定位能力的标准化调用，扩大使用范围。

（4）位置服务平台提供商

1）终端厂商

目前，苹果公司和诺基亚仍然采取大力发展位置服务的战略，苹果公司近两年连续收购两家地理位置数据提供商 Locationary 和 HopStop，借此提升地图服务在地理位置服务市场的竞争力；诺基亚负责手机业务的设备与服务部门已经被微软收购合并，但诺基亚保留了位置服务的 Here 地图部门继续运营。

2）电信运营商

2013年，工信部陆续给国内三大运营商发布了4G（TD-LTE）移动业务经营牌照，标志着中国的4G元年从此开启。电信运营商将面临着新一轮无线网络建设，LTE网络是一张只有数据域的网络，未来的语音业务也将通过数据网络进行承载。新的网络下面将产生新的定位技术，LTE下的基站定位技术将会很快投入使用。未来几年随着4G网络的成熟，2G、3G网络的业务将逐步迁移到4G网络下，位置服务的底层定位技术也将随之改变。

3）移动互联网服务提供商

移动互联网市场快速发展，是高收益、高竞争的市场，手机定位是移动互联网发展前景较好的业务之一，移动互联网各商家必然会陆续进入市场并抢夺份额。2009年8月，百度率先推出采用自主研发的GIS引擎的全新百度地图，以行业第一的身份领跑中文网络地图市场。2012年12月，腾讯公司凭借soso地图推出街景服务，还有其他一些规模较小的互联网服务提供商也进入该领域抢夺市场份额，展开激烈竞争。

（5）应用提供商

随着近几年移动互联网的快速发展，除了高德、灵图等地图导航厂商获得快速发展外，应用提供商把原来在PC终端接入互联网实现的业务，移植到手机终端上，同时增加了位置、社交等因素，并加强了个人行为的分析，把新闻浏览、银行证券、电子商务、游戏、社交通信等移植到移动互联网领域，iOS和Android两大移动终端操作系统阵营的应用数量和下载次数屡创新高，体现了移动互联网应用的蓬勃发展趋势。

# ☞【终端篇】

## 1. 智能手机的发展现状及对定位业务有何影响?

首先解释一下智能手机(Smart Phone)和功能手机(Feature Phone)的区别，智能手机和功能手机最根本的差别是操作系统的不同。智能手机的操作系统对应用开发人员来说，可提供的软件开发环境比较完善、更加容易移植、手机开放的接口更加丰富，支持的定位技术较多；对最终使用用户来说，可使用安装的应用程序更丰富、功能更多。而功能手机的操作系统和产业链相对比较封闭，硬件上内置的芯片较少，一般没有 GPS 芯片，不支持 Wi-Fi 接入，没有内置陀螺仪等传感器，仅支持简单的基站定位、IP 定位等定位方式，应用比较少。

目前功能手机主要面向低端用户市场，市场占有率正在不断缩小，原来的手机终端厂商龙头老大 Nokia 将被微软收购更是标志着功能手机的没落。

智能手机是手机发展历程中一个非常重要的里程碑，经历过如下几个发展阶段：1)2001 ~ 2003 年的初步发展期，爱立信推出了世界上第一款采用 SymbianOS 的智能手机 R380sc 后，众多厂商看到智能手机的发展前景，纷纷展开研发，智能手机时代来临；2)2004 ~ 2006 年的市场崛起期，2004 年多款智能手机上市，RIM 推出了黑莓手机；2006 年，诺基亚推出 N73，迎来 SymbianS60 的颠覆时代；另外，摩托罗拉也在 LINUX 下推出旗舰手机 A1200 尚品 PDA。这个时期，Symbian、Linux、RIM 三个智能操作系统是主流，其他还有 PalmOS、WinCE 等。3)2007 至今的市场爆发期，2007 年苹果

“重新定义了手机”并发布了 iPhone；2008 年，搭载 Android 系统的手机诞生；2010 年，微软发布了 windows Phone，自此 Android、iOS 和 Windows Phone 这三个市场占有率最大的智能操作系统把智能手机带进快速变化和发展的爆发期。

## 2. 通用的手机终端定位能力调用流程是怎样的?

位置服务的定位应用大部分采用客户端 / 服务器（C/S，Client/Server）的架构，少量应用采用浏览器 / 服务器（B/S，Browser/Server）的架构，手机侧的应用调用架构图如图 3–2 所示。

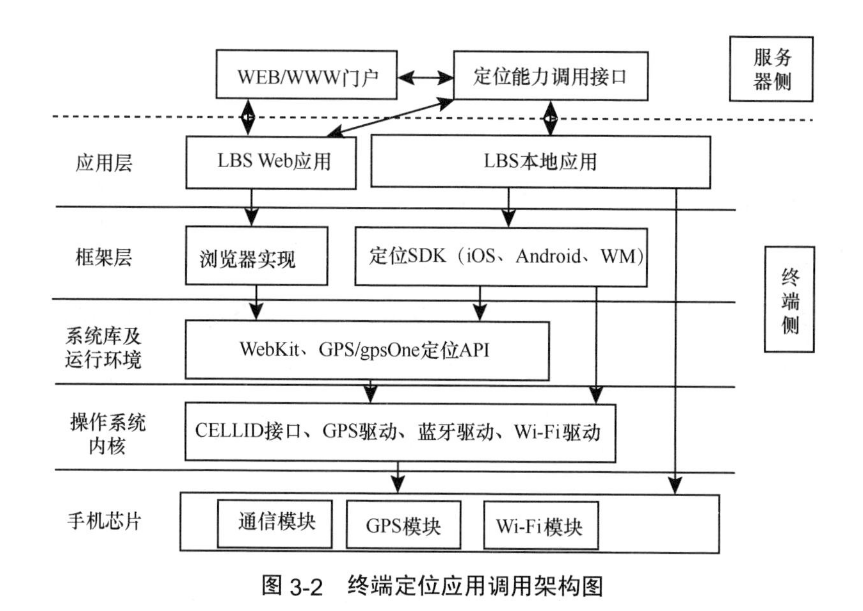


图 3-2　终端定位应用调用架构图

服务器侧可以通过 WEB 门户或者 Webservice 接口的方式对外提供服务，允许终端侧通过浏览器直接访问调用，或者通过本地应用程序的方式进行调用。

终端侧的应用层分别是基于 WEB 方式和本地应用两种类型，WEB 应用是运行于浏览器中的网页（或者插件）的形式出现，本地应用是独立安装的客户端。随着技术的发展，客户端中内嵌浏览器核心以实现在客户端应用中 HTTP 协议承载定位接口这种方式已经逐渐普及，使得二者有了新的结合与交叉方式。

框架层主要包括支持互联网应用的浏览器和各移动终端操作系统提供的定位 SDK。框架层需要调用由操作系统提供的各种库和运行环境，包括 Webkit 组件（在 Android 和 iOS 系统中内嵌的浏览器核心支持组件）、由互联网提供商提供的封装了 GPS 和 gpsOne 混合定位能力的 API 等内容。

API 和 Webkit 的版本是基于各个操作系统发布的，操作系统负责完成对手机芯片、硬件接口驱动程序的封装和发布。大部分应用开发都是基于 SDK 提供的功能调用展开的，很少直接调用硬件层对外公布的接口。在操作系统发展的初期阶段，有太多的硬件特性需要开发，定位功能的接口开发的优先级不足以排入新版本的功能要求中，所以在早期的 Android 版本中，对定位接口的调用只是支持增强型 GPS 功能的使用，还不能支持电信运营商要求的网络侧激活定位功能的接口要求，因此，部分终端厂商在生产手机时，把底层手机芯片的定位接口暴露出来，通过定制修改操作系统的顶层接口允许直接调用手机芯片的定位功能。

## 3. 如何调用android操作系统的定位API?

Android 的系统架构采用了分层设计的思路，从上层到底层共包括 4 层，分别是应用程序层、应用框架层、系统库和 Android 运行时层、Linux 内核层，Android 的系统架构如图 3-3 所示。

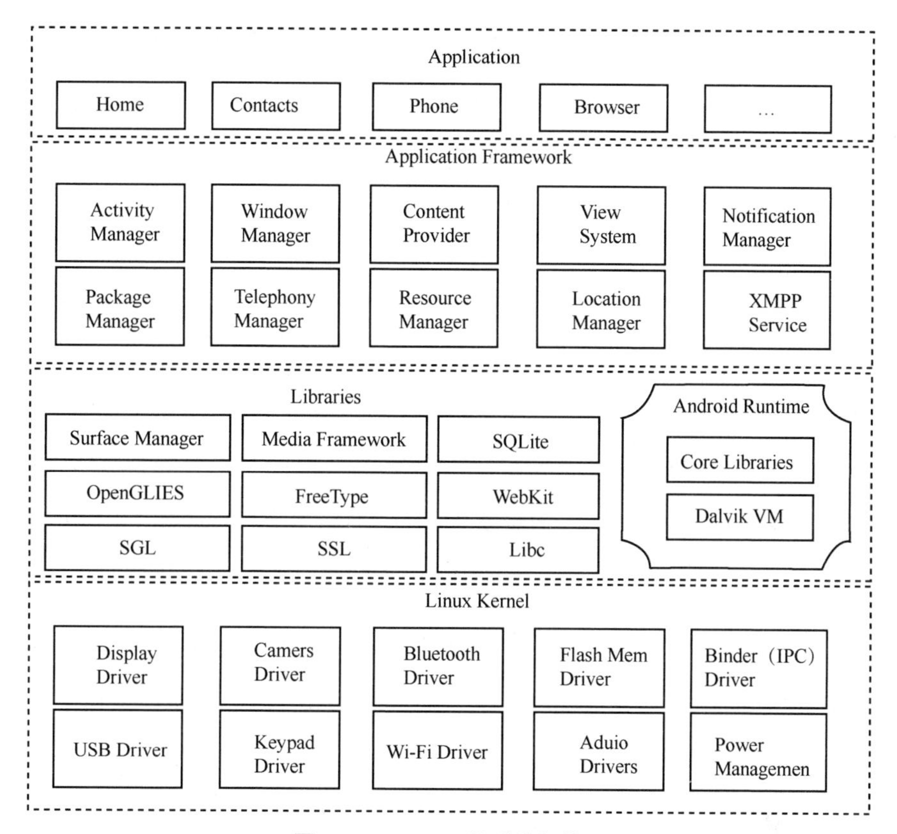


图 3-3　Android 的系统架构图

（1）应用程序层（Application）

该层提供一些核心应用程序包，如电子邮件、短信、电话、地图、浏览器和联系人管理等。另外，开发者可以通过 Android SDK 开发出应用程序，提供给用户下载、安装和使用，这些应用与系统提供的应用都属于这一层。

（2）应用程序框架层（Application Framework）

该层是 Android 应用开发的基础，提供了活动管理器、窗口管理器、内容提供者、视图系统、包管理器、电话管理器、资源管理器、位置管理器、通知管理器和 XMPP 服务共 10 个部分。很多核心应用程序通过这一层来实现其核心功能，该层简化了组件的重用，开发人员可以直接使用其提供的组件来进行快速的应用程序开发，也可以通过继承而实现个性化的拓展。

（3）系统库和运行时层（Libraries & Android Runtime）

系统库是应用程序框架的支撑，是连接应用程序框架层与Linux内核层的重要纽带，包括：Surface Manager（执行多个应用程序时候，负责管理显示与存取操作间的互动，另外也负责2D绘图与3D绘图进行显示合成）、Media Framework（多媒体库，基于PacketVideo OpenCore；支持多种常用的音频、视频格式录制和回放，编码格式包括MPEG4、MP3、H.264、AAC、ARM）、SQLite（小型的关系型数据库引擎）、OpenGL|ES（根据OpenGL ES 1.0API标准实现的3D绘图函数库）、FreeType（提供点阵字与向量字的描绘与显示）、WebKit（一套网页浏览器的软件引擎）、SGL（底层的2D图形渲染引擎）、SSL（在Android系统的通信过程中实现握手）、Libc（从BSD继承来的标准C系统函数库，专门为基于embedded linux的设备定制）。

Android应用程序时采用Java语言编写，程序在Android运行时执行，其运行时分为核心库和Dalvik虚拟机两部分。

核心库提供了Java语言API中的大多数功能，同时也包含了Android的一些核心API，如android.os、android.net、android.media等等。

Android程序不同于J2ME程序，每个Android应用程序都有一个专有的进程，并且不是多个程序运行在一个虚拟机中，而是每个Android程序都有一个Dalivik虚拟机的实例，并在该实例中执行。Dalvik虚拟机是一种基于寄存器的Java虚拟机，而不是传统的基于栈的虚拟机，并进行了内存资源使用的优化以及支持多个虚拟机。

（4）Linux内核层（Linux Kernel）

Android是基于Linux2.6内核，其核心系统服务如安全性、内存管理、进程管理、网路协议以及驱动模型都依赖于 Linux 内核。

手机应用调用 Android SDK 自带的 Location manager(属于 Application Framework 层)，可以与 Google 的定位服务器发起定位，实现定位能力调用的功能。定位流程如图 3-4 所示。

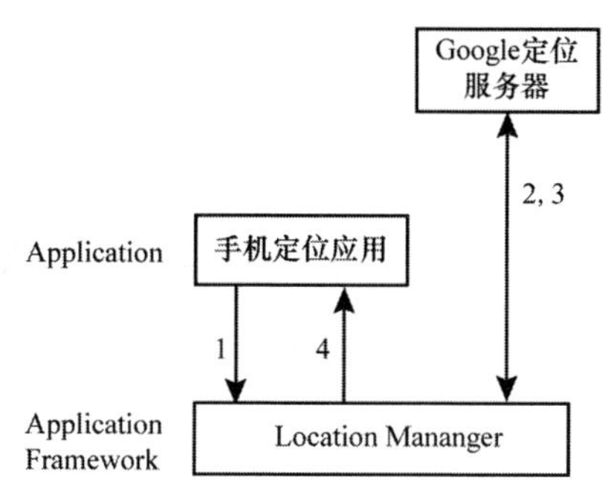


图 3-4 Android 默认定位调用流程

流程简单说明：

1）手机定位应用向 Framework 层的 Location manager(Google 在 Android 系统中提供的定位 API）发起定位请求；

2 )Location manager 封装了对系统库和 linux 内核以及硬件底层的定位芯片接口调用，通过 Internet 向 Google 的定位服务器发起定位请求；

3 )Google 定位服务器收到请求后调用算法进行定位，把定位结果返回给手机，手机把相关结果返回给 Location manager；

4 )Location manager 把定位结果返回给定位应用，完成定位能力调用。

## 4. 调用基于Android开发的第三方定位SDK的应用示例有哪些?

Google 凭借着 Android 系统的平台优势，以及多年经营地图、搜索的经验和实力，在移动互联网定位能力调用次数上位居全球第一。国内的移动互联网服务提供商发挥本地化优势（包括语言、渠道和经营牌照等），也开发出可供广大应用开发者使用的定位 SDK，下面以百度地图 Android SDK 为例进行说明。

百度地图 Android SDK 是一套基于 Android 2.1 及以上版本设备的应用程序接口。用户可以使用该套 SDK 开发适用于 Android 系统移动设备的地图应用，通过调用地图 SDK 接口，可以轻松访问百度地图服务和数据，构建功能丰富、交互性强的地图类应用程序。

百度地图 Android SDK 提供的所有服务是免费的，接口使用无次数限制。用户在申请密钥（key）后才可使用百度地图 Android SDK。百度地图 Android SDK 的下载和说明网址为：

http：//developer.baidu.com/map/sdk-android.htm。

手机应用调用百度地图的 Android SDK（同样属于 Application Framework 层），可以与百度地图的定位服务器发起定位，实现定位能力调用的功能。定位流程如图 3-5 所示。

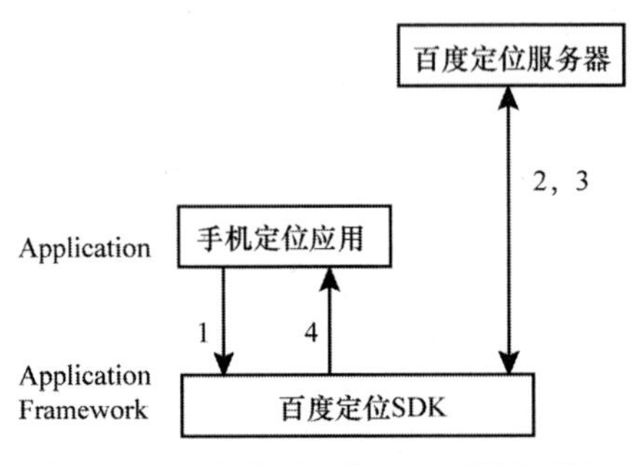


图 3-5　百度地图定位 SDK 调用过程

流程简单说明：

（1）手机定位应用向 Framework 层的百度地图 SDK（在开发程序时需下载百

度地图的类库和 jar 文件）发起定位请求；

（2）百度地图 SDK 已经封装了对系统库和 linux 内核以及硬件底层的定位芯片接口调用，通过 Internet 向百度地图的定位服务器发起定位请求；

（3）百度地图定位服务器收到请求后调用算法进行定位，把定位结果返回给手机，手机把相关结果返回给百度地图 SDK 的发起者；

（4）百度地图 SDK 把定位结果返回给定位应用，完成定位能力调用。

下面通过 eclipse 开发工具介绍一下使用百度地图 sdk 编写首个定位应用的实现过程（参考 http：//developer.baidu.com/map/sdkandev-2.htm）：

1）工程配置

第一步：在工程里新建 libs 文件夹，将开发包里的 baidumapapi_vX_X_X.jar 拷贝到 libs 根目录下，将 libBaiduMapSDK_vX_X_X.so 拷贝到 libs\armeabi 目录下，拷贝完成后的工程目录如图 3-6 所示。

图 3-6　工程目录结构图

第二步：在工程属性 ->Java Build Path->Libraries 中选择“Add External JARs”，选定 baidumapapi_vX_X_X.jar，确定后返回。

通过以上两步操作后，用户就可以正常使用百度地图 SDK 提供的全部功能了。

2）编码

百度地图 SDK 为开发者提供了便捷的显示百度地图数据的接口，通过以下几步操作，即可在应用中使用百度地图数据。

第一步：创建并配置工程（具体方法参见工程配置部分的介绍）。

第二步：在 Manifest 中添加使用权限、Android 版本支持和对应的开发密钥。

常用使用权限如下（开发者可根据自身程序需求，添加所需权限）。

```
· <!-- 使用网络功能所需权限 -->
· <uses-permission android：name="android.permission.ACCESS_NETWORK_STATE">
· </uses-permission>
· <uses-permission android：name="android.permission.INTERNET">
· </uses-permission>
· <uses-permission android：name="android.permission.ACCESS_Wi-Fi_STATE">
· </uses-permission>
· <uses-permission android：name="android.permission.CHANGE_Wi-Fi_STATE">
· </uses-permission>
· <!-- SDK 离线地图和 cache 功能需要读写外部存储器 -->
· <uses-permission android：name="android.permission.WRITE_EXTERNAL_STORAGE">

· </uses-permission>
· <uses-permission android：name="android.permission.WRITE_SETTINGS">
· </uses-permission>
· <!-- 获取设置信息和详情页直接拨打电话需要以下权限 -->
· <uses-permission android：name="android.permission.READ_PHONE_STATE">
· </uses-permission>
· <uses-permission android：name="android.permission.CALL_PHONE">
· </uses-permission>
· <!-- 使用定位功能所需权限，demo 已集成百度定位 SDK，不使用定位功能可去掉
以下 6 项 -->
· <uses-permission android：name="android.permission.ACCESS_FINE_LOCATION">
· </uses-permission>
· <permission android：name="android.permission.BAIDU_LOCATION_SERVICE">
· </permission>
· <uses-permission android：name="android.permission.BAIDU_LOCATION_SERVICE">

· </uses-permission>
· <uses-permission android：name="android.permission.ACCESS_COARSE_LOCATION">

· </uses-permission>
· <uses-permission android：name="android.permission.ACCESS_MOCK_LOCATION">
· </uses-permission>
<uses-permission android：name="android.permission.ACCESS_GPS"/>
```

配置 activity：

```
<activity android：name=".MapDemo"
          android：screenOrientation="sensor"
          android：configChanges="orientation|keyboardHidden">
</activity>
```

添加屏幕和版本支持：

```
<supports-screens android：largeScreens="true"
            android：normalScreens="true"
            android：smallScreens="true"
            android：resizeable="true"
            android：anyDensity="true"/>
<uses-sdk android：minSdkVersion="7"></uses-sdk>
```

添加对应的开发密钥：

```
<meta-data android：name="com.baidu.lbsapi.API_KEY" android：value=" 开 发
密钥 ">
</meta-data>
```

第三步：在布局 xml 文件中添加地图控件，布局文件保存为 activity_main.xml。

```
<？ xml version="1.0" encoding="utf-8" ？ >
<LinearLayout xmlns：android="http：//schemas.android.com/apk/res/android"
            android：orientation="vertical"
            android：layout_width="fill_parent"
            android：layout_height="fill_parent">
            <TextView android：layout_width="fill_parent"
                    android：layout_height="wrap_content"
                    android：text="hello world" />
            <com.baidu.mapapi.map.MapView android:，id="@+id/bmapsView"
                    android：layout_width="fill_parent"
                    android：layout_height="fill_parent"
                    android：clickable="true" />
</LinearLayout>
```

第四步：创建地图 Activity，并 import 相关类。

```
import android.app.Activity;
import android.content.res.Configuration;
import android.os.Bundle;
import android.view.Menu;
import android.widget.FrameLayout;
import android.widget.Toast;
import com.baidu.mapapi.BMapManager;
import com.baidu.mapapi.map.MKMapViewListener;
import com.baidu.mapapi.map.MapController;
import com.baidu.mapapi.map.MapPoi;
import com.baidu.mapapi.map.MapView;
import com.baidu.platform.comapi.basestruct.GeoPoint;

public class MyMapActivity extends Activity{
        @Override
        public void onCreate(Bundle savedInstanceState){
        }
}
```

第五步：初始化地图 Activity、使用 Key 在 MyMapActivity 中定义成员变量。

```
BMapManager mBMapMan = null;
MapView mMapView = null;
在 onCreate 方法中增加以下代码
super.onCreate(savedInstanceState);
mBMapMan=new BMapManager(getApplication());
mBMapMan.init(null);
//注意：请在试用 setContentView 前初始化 BMapManager 对象，否则会报错
setContentView(R.layout.activity_main);
mMapView=(MapView)findViewById(R.id.bmapsView);
mMapView.setBuiltInZoomControls(true);
//设置启用内置的缩放控件
MapController mMapController=mMapView.getController();
```

```
// 得到 mMapView 的控制权，可以用它控制和驱动平移和缩放
GeoPoint point =new GeoPoint((int)(39.915* 1E6),(int)(116.404* 1E6));
// 用给定的经纬度构造一个 GeoPoint，单位是微度 （度 * 1E6）
mMapController.setCenter(point); // 设置地图中心点
mMapController.setZoom(12); // 设置地图 zoom 级别
```

重写以下方法，管理 API。

```
@Override
protected void onDestroy(){
        mMapView.destroy();
        if(mBMapMan!=null){
                mBMapMan.destroy();
                mBMapMan=null;
}
super.onDestroy();
}
@Override
protected void onPause(){
        mMapView.onPause();
        if(mBMapMan!=null){
                mBMapMan.stop();
        }
        super.onPause();
}
@Override
protected void onResume(){
        mMapView.onResume();
        if(mBMapMan!=null){
                mBMapMan.start();
        }
        super.onResume();
}
```

完成以上步骤后，运行程序，即可在应用中显示如图 3-7 所示的地图。

图 3-7 百度地图的应用示例

## 5. 如何调用iOS操作系统的定位能力API?

苹果的 iOS 系统主要用于 iPhone、iPAD 和 iPod touch 设备，iOS 架构和 Mac OS 的基础架构相似，系统架构采用了分层设计的思路，从上层到底层共包括 4 层，分别是 Cocoa Touch 层、Media 层、Core Services 层和 Core OS 层，系统架构如图 3-8 所示。

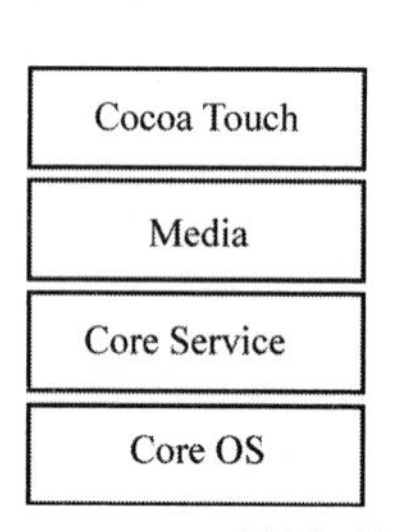


图 3-8 iOS 系统架构图

（1）Cocoa Touch 层提供了基本的系统行为支持，该层包含的框架有 UIKit 框架、MapKit 框架、MessageUI 框架、Address Book UI 框架、Event Kit UI 框架、GameKit 框架、iA 框架等。

（2）Media 层包含图形、视频、音频技术，该层包含的框架有 Quartz Core 框架（实现复杂的动画和视角效果）、MediaPlayer 框架、AV Foundation 框架（包含的 object C 类可以播放音频内容等）等。

（3）Core Services 层为所有的应用程序提供系统基础服务，该层包含的框架有 Foundation 框架（为 Core Foundation 框架提供许多基于 Object-C 封装）、Core Foundation 框架（一组 C 语言接口，为 iOS 程序提供基本数据管理和服务功能，如日期和时间管理、URL 和 stream 操作、线程和运行循环、端口和 socket 通信）、Core location 框架（主要获得终端设备当前的经纬度，利用附近的 GPS、蜂窝基站和 Wi-Fi 信号测量用户的当前位置）、Core data 框架等。

（4）Core OS 层包含操作系统的内核环境、驱动和基本接口，基于 Mac 系统，负责操作系统的各个方面，包括内存管理、文件系统、电源管理以及一些其他的操作系统任务。它可以直接和硬件进行交互，是 iOS 的核心应用。出于系统安全方面的考虑，只有有限的系统框架类能访问内核和驱动。

定位服务在 iOS 6 之后 API 没有太大的变化，主要使用 CoreLocation 框架，定位时主要使用 CLLocationManager、CLLocationManagerDelegate 和 CLLocation。CLLocationManager 是定位服务管理类，它能够获得设备的位置信息和高度信息，也可以监控设备进入或离开某个区域，还可以帮助获得设备的运行方向等。CLLocationManagerDelegate 是 CLLocationManager 类委托协议。CLLocation 类封装了位置和高度信息。iOS 默认定位调用流程如图 3-9 所示。

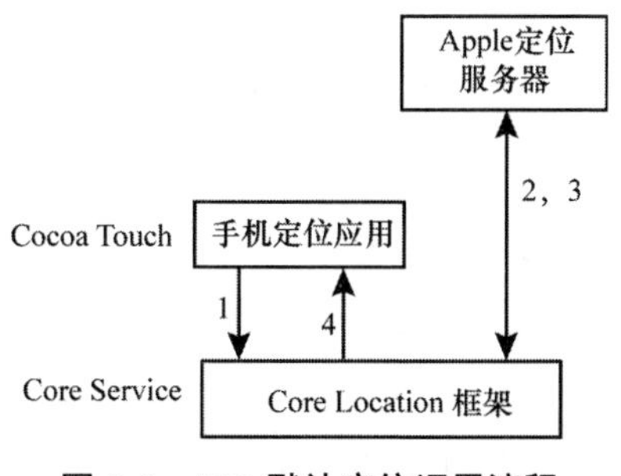


图 3-9　iOS 默认定位调用流程

流程简单说明：

（1）手机定位应用向 Core Services 层的 Core Location 框架（苹果公司在 iOS 系统中提供的定位 API）发起定位请求；

（2）Core Location 框架封装了硬件底层的定位芯片接口调用，通过 Internet 向 Apple 的定位服务器发起定位请求；

（3）Apple 定位服务器收到请求后调用算法进行定位，把定位结果返回给手机，手机把相关结果返回给 Core Location 框架；

（4）Core Location 框架把定位结果返回给定位应用，完成定位能力调用。

## 6. 调用基于iOS开发的第三方定位SDK的应用示例有哪些？

这里仍然以百度地图为例子。由于苹果公司的 iOS 系统对调用操作系统底层的硬件接口做了诸多限制，开发者难以获取手机的服务基站和 Wi-Fi 热点的地址信息；另外，苹果公司自身已经实现了定位能力，只要手机开启定位服务，则在开机时候就会进行主动定位，与苹果的定位服务器通信获取用户位置。

所以，百度地图的 SDK 直接获取 iOS 系统的位置，不再自我定位，SDK 主要调用服务器的电子地图、POI 信息查询等接口。如图 3-10 所示为手机定位应用选择百度地图 SDK 提供的定位能力后的定位流程。

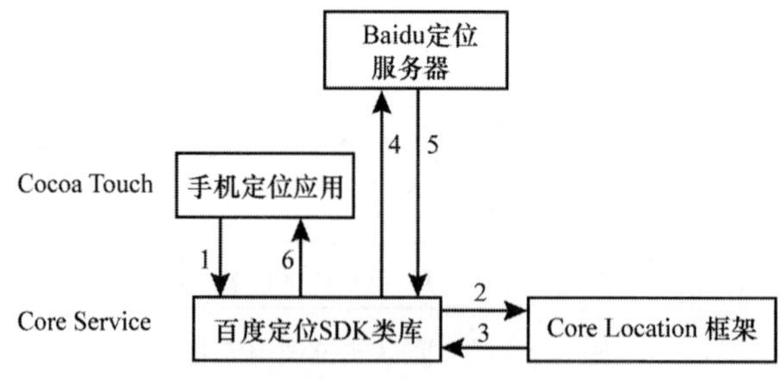


图 3-10　百度地图定位 SDK（iOS）调用过程

流程简单说明：

（1）手机定位应用向 Core service 层的百度地图 SDK（在开发程序时需下载百度地图的静态库文件）发起定位请求；

（2）百度地图 SDK 向 iOS 的 Core Location 框架获取手机当前位置；

（3）iOS 把当前位置返回给百度地图 SDK；

（4）百度地图 SDK 把当前位置连同终端型号、屏幕大小，分辨率等信息，通过 Internet 向百度地图的定位服务器发起获得电子地图的请求；

（5）百度地图定位服务器收到请求后把电子地图的相关结果返回给百度地图 SDK 的发起者；

（6）百度地图 SDK 把定位结果返回给定位应用，完成当前电子地图的位置显示功能调用。

下面以百度地图官方提供的“Hello World”例子说明 iOS SDK（MapAPI）如何进行开发定位应用（可参考 http://developer.baidu.com/map/sdkiosdev-2.htm）。

（1）引入百度 MapAPI 的头文件

首先将百度 MapAPI 提供的头文件和静态库（.a）文件拷贝到您的工程目录下，在 Xcode 中添加新的文件 Group，引入百度 MapAPI 提供的头文件（请使用 Xcode 4.X 以上平台）。

在您需要使用百度 MapAPI 的文件中添加以下代码：

```
#import "BMapKit.h"
```

（2）引入静态库文件

百度 MapAPI 提供了模拟器和真机两种环境所使用的静态库文件，分别存放在 libs/Release-iphonesimulator 和 libs/Release-iphoneos 文件夹下。有以下两种方式可以引入静态库文件。

第一种方式：直接将对应平台的 .a 文件拖曳至 Xcode 工程左侧的 Groups&Files 中，缺点是每次在真机和模拟器编译时都需要重新添加 .a 文件；

第二种方式：使用 lipo 命令将设备和模拟器的 .a 合并成一个通用的 .a 文件，将合并后的通用 .a 文件拖曳至工程中即可，具体命令如下：

```
lipo -create Release-iphoneos/libbaidumapapi.a Release-iphonesimulator/libbaidumapapi.a
-output libbaidumapapi.a
```

第三种方式：

1）将 API 的 libs 文件夹拷贝到您的 Application 工程跟目录下；

2）在 Xcode 的 Project -> Edit Active Target -> Build -> Linking -> Other Linker Flags 中添加 -ObjC；

3）设置静态库的链接路径，在 Xcode 的 Project -> Edit Active Target -> Build -> Search Path -> Library Search Paths 中添加您的静态库目录，比如“¥( SRCROOT )/../libs/Release¥( EFFECTIVE_PLATFORM_NAME )”，¥( SRCROOT )宏代表您的工程文件目录，¥( EFFECTIVE_PLATFORM_NAME )宏代表当前配置是 OS 还是 simulator。

注：静态库中采用 ObjectC++ 实现，因此需要保证工程中至少有一个 .mm 后缀的源文件（您可以将任意一个 .m 后缀的文件改名为 .mm)，或者在工程属性中指定编译方式，即将 Xcode 的 Project -> Edit Active Target -> Build -> GCC4.2 - Language -> Compile Sources As 设置为“Objective-C++”。

（3）引入 framework

百度 MapAPI 中提供了定位功能和动画效果，v2.0.0 版本开始使用 OpenGL 渲染，因此您需要在您的 Xcode 工程中引入 CoreLocation.framework 和

QuartzCore.framework、OpenGLES.framework、SystemConfiguration.framework、CoreGraphics.framework、Security.framework。添加方式：右键点击 Xcode 工程左侧的 Frameworks 文件夹，add->Existing Frameworks，在弹出窗口中选中这几个 framework，点击 add 按钮即可。

（4）引入 mapapi.bundle 资源文件

mapapi.bundle 中存储了定位、默认大头针标注 View 及路线关键点的资源图片，还存储了矢量地图绘制必需的资源文件。如果您不需要使用内置的图片显示功能，则可以删除 bundle 文件中的 image 文件夹。您也可以根据具体需求任意替换或删除该 bundle 中 image 文件夹的图片文件。添加方式：将 mapapi.bundle 拷贝到您的工程目录，直接将该 bundle 文件托曳至 Xcode 工程左侧的 Groups&Files 中即可。

（5）初始化 BMKMapManager

在 AppDelegate.h 文件中添加 BMKMapManager 的定义：

```
@interface BaiduMapApiDemoAppDelegate ： NSObject <UIApplicationDelegate> {
        UIWindow *window;
        UINavigationController *navigationController;
        BMKMapManager* _mapManager;
}
```

在 AppDelegate.m 文件中添加对 BMKMapManager 的初始化，并填入您申请的授权 Key，示例如下：

```
- （BOOL）application：（UIApplication *）application
didFinishLaunchingWithOptions：（NSDictionary *）launchOptions {      // 要使用百度地图，请先启动 BaiduMapManager
        _mapManager = [[BMKMapManager alloc]init];
    // 如果要关注网络及授权验证事件，请设定    generalDelegate 参数
  BOOL ret = [_mapManager start：@" 在此处输入您的授权 Key"  generalDelegate：nil];
```

```
        if (!ret) {
            NSLog(@"manager start failed!");
  }
    // Add the navigation controller's view to the window and display.
        [self.window addSubview: navigationController.view];
        [self.window makeKeyAndVisible];
     return YES;
    }
```

（6）创建 BMKMapView

在您的 ViewController.m 文件中添加 BMKMapView 的创建代码，示例如下：

```
    - (void)viewDidLoad {
        [super viewDidLoad];
        BMKMapView* mapView = [[BMKMapView alloc]initWithFrame: CGRectMake(0,
0, 320, 480)];
        self.view = mapView;
    }
```

使用 BMKMapView 的 viewController 中需要在 viewWillAppear、viewWillDisappear 方法中调用 BMKMapView 对应的方法，并处理 delegate，代码如下：

```
    (void)viewWillAppear: (BOOL)animated
    {
            [_mapView viewWillAppear];
             _mapView.delegate = self; // 此处记得不用的时候需要置 nil，否则影响内存的
释放
    }
    -(void)viewWillDisappear: (BOOL)animated
    {
          [_mapView viewWillDisappear];
          _mapView.delegate = nil; // 不用时，置 nil
    }
```

编译，运行，效果如图 3-11 所示。

图 3-11　百度地图展示示例

## 7. 如何通过浏览器调用定位能力？

浏览器是基于浏览器引擎提供的定位接口，调用定位能力 API，通过设备底层硬件的能力获得位置信息（经纬度），把该结果通过定位能力服务器提供的能力开放接口，获得地图、POI 等信息。如图 3-12 所示。

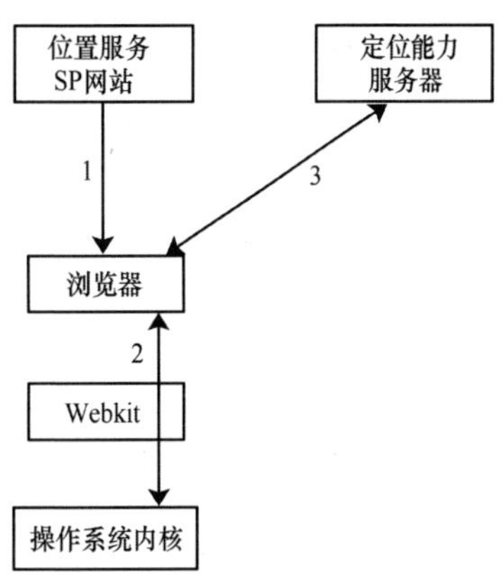


图 3-12　浏览器调用定位能力简图

流程简单说明如下：

（1）用户通过浏览器访问某个位置服务 SP 网站；

（2）当需要获得手机当前的位置时，调用浏览器引擎的定位接口，获得当前位置信息；

（3）浏览器把相关定位结果通过 HTTP 请求发送给位置服务 SP 网站合作定位能力服务器，获得位置能力（如地图、POI 信息查询等）的服务。

目前两大主流操作系统（iOS 和 Android）的浏览器引擎均采用 Webkit，与之相对应的引擎有 Gecko（Mozilla Firefox 等使用）和 Trident（也称 MSHTML，IE 使用）。WebKit 前身是 KDE 小组的 KHTML，WebKit 所包含的 WebCore 排版引擎和 JSCore 引擎来自于 KDE 的 KHTML 和 KJS，当年苹果比较了 Gecko 和 KHTML 后，仍然选择了后者，就因为它拥有清晰的源码结构、极快的渲染速度。

HTML5 规定了一套地理定位 API（geolocation），通过浏览器中的 JavaScript 代码，可以访问用户的当前位置信息，当然，访问之前必须得到用户的明确许可，即同意在页面共享其位置信息。如果页面尝试访问其地理定位信息，浏览器就会显示一个对话框，请求用户许可共享其位置信息。

支持地理定位的浏览器有 IE9+、Firefox 3.5+、Opeara 10.6+、Safari 5+、Chrome、iOS 版 Safari、Android 版 WebKit。

Geolocation API 在浏览器中的实现是 JavaScript 的 navigator.geolocation 对象，这个对象包含 3 个方法：

第一个是 getCurrentPosition( )，用作获取用户当前的位置信息，调用这个方法就会触发请求用户共享地理定位信息的对话框。

第二个是 watchPosition( )，用作实时获取 \ 检测用户的位置信息。它像一个追踪器一样时刻监视用户的位置，只要发生变化，浏览器就会触发 watchPosition 的回调函数。

第三个是 clearWatch( )，用作清除对用户位置的循环监视。

下面是一个简单的示例：

```
<div id="output"></div>
<script type="text/javascript">
    window.onload = function （） {
        if （navigator.geolocation） {
            navigator.geolocation.getCurrentPosition（function （position） {
                var latitude = position.coords.latitude；
                var longitude = position.coords.longitude

                    document.getElementById（"output"）.innerHTML = " 纬度是：" +
latitude + "<br> 经度是：" + longitude；

            }， function （error） {
                    document.getElementById（"output"）.innerHTML = error.message
|| " 获取地理位置的时候发生了错误。"；
            }， function （error） {
                console.log（"Error code： " + error.code）；
                console.log（"Error message： " + error.message）；
            }）；
    } else {
        alert（" 你的浏览器不支持 Geolocation API"）
    }
}
</script>
```

## 8. 国内主流的位置服务SDK包括哪些?

国内主流的位置服务 SDK 包括：Google、百度、高德、腾讯、贝多、驴博士、图吧（mapbar）。

以 Google 为例，google 的定位 SDK 包括两部分。第一部分是通过 Android 操作系统的内置 framework，提供定位能力的是 android.location.LocationManager 类，可提供两种定位源：GPS_PROVIDER 可提供 AGPS 定位，NETWORK_PROVIDER 可提供网络定位，以及提供地理编码功能的 android.

location.Geocoder 类，可提供前向和反向的地理位置编码功能，实现地址和地理坐标的变换。第二部分是 Android SDK 预装的 add-on 中提供了一个 Map 扩展库：com.google.android.maps.*，提供地图和卫星地图、我的位置显示和跟踪、实时交通图、指南针显示等功能，使用前需要有 google 账户，通过 keytool 工具获取证书指纹申请 API Key，API Key 与证书绑定。

其他 SDK 提供的功能和类的调用方法都大同小异。SDK 的使用方便了应用程序的代码移植，可把新的开发包直接替换 Android 原有 API，不用进行复杂的代码修改，这样用户可以专注于在后台数据的数据量、准确性以及新功能上的竞争。

## 9. 为什么CDMA制式早期版本的Android手机和苹果手机不能使用gpsOne定位？

CDMA 这个产业链的很多核心专利都掌握在美国高通公司手中，特别是 CDMA 网络的手机基带芯片，几乎可以说是被高通公司垄断了。另外，高通公司在其 CDMA 芯片中把 gpsOne 定位技术整合到基带芯片中，所以，所有的 3G CDMA 网络高通芯片都支持 gpsOne 定位技术。定位技术的应用除了需要底层硬件的能力支持之外，还要上层应用、操作系统愿意去适配或者调用才行。Google 希望发展和建立自己的定位能力引擎，掌控位置服务的定位能力产业链，在早期版本 Android 操作系统 2.3 之前就不支持 gpsOne 定位技术的 MSA 定位方式，电信运营商只能要求定制手机把基带芯片的 gpsOne 定位接口暴露出来，但非定制手机不一定支持，这样就出现了相同基带芯片的不同手机型号，有些是支持 gpsOne 技术的，有些却不支持。

苹果公司的 iPhone 手机是目前智能手机中用户感受评分最高的，已经改变了大部分用户先选择网络技术之后再选择手机的惯例，演变成先选择自己喜欢的手机后再选择该手机可以适配的网络技术和运营商。所以，苹果公司在电信运营商的集采终端谈判中始终处于强势的地位，并不遵循电信运营商终端规范的某些条目，屏蔽了 gpsOne 定位接口，所以至今 CDMA 版本苹果手机仍然不能使用 gpsOne 定位。

# ☞【位置服务平台篇】

## 1. 目前有哪些位置服务平台提供商?

位置服务平台提供商需要具备两个特点：（1）有丰富的用户资源，可直接为用户提供业务，也可为应用提供商提供位置服务能力；（2）资本丰厚并在产业链中具有强大的资源掌控能力，可通过购买或自建定位能力、电子地图、GIS 和深度 POI 信息，整合自己的优势资源后，对外提供位置服务能力或者相关业务产品。

按照经营范围来看，位置服务平台提供商主要包括电信运营商、移动互联网服务提供商、终端厂商三类，他们的共同特点就是根据自己的客户资源优势提供定位服务。

电信运营商拥有基础电信网络运营牌照，在国内主要指中国移动、中国电信和中国联通这三家。其优势在于掌握着庞大的网络资源、稳定的用户群体以及可靠的收费渠道，可通过自建或购买定位能力、深度 POI 和电子地图的方式，针对行业用户和公众客户提供多种多样的位置服务产品。

移动互联网厂商通过开放平台能力，吸引众多的开发者参与，发挥“我为人人，人人为我”的互联网精神，共同建设以移动互联网厂商位置服务平台为核心的业务应用产业。位置服务成为移动互联网的重要标记，越来越被移动互联网厂商所重视，国内三大巨头 BAT（Baidu 百度，Alibaba 阿里巴巴，Tencent

腾讯）通过自建或者收购的手段，建设位置服务平台。百度地图目前在国内的位置能力调用次数最多，腾讯通过街景地图服务提供差异化的服务展开竞争，阿里巴巴原来一直没有在位置服务领域积累，但先后于 2013 年 5 月以 2.94 亿美元收购高德软件约 28% 的股份，于 2014 年 7 月以 10.45 亿美元收购余下的 72% 股份。三大巨头将在位置服务领域继续展开竞争。

目前，世界范围内位置服务产业链影响面最广、用户数最多的外国企业当数 google。虽然 google 没有在国内申请增值电信业务经营许可证，但通过 Android 操作系统的定位能力 SDK，可免费提供给非经营性的用户使用。国内的互联网服务提供商则需要向通信管理部门申请 ICP 经营许可证，具备增值电信业务经营许可。从位置应用产品的质量和稳定性考虑，建议国内的应用开发商尽量选择国内成熟的位置服务 API 接口进行开发。

普通的终端厂商专注于设计和生产手机终端，选择手机芯片、操作系统平台和设计手机 UI、内置应用程序，并不具备提供位置服务平台的能力，只有研发手机操作系统的终端厂商才具备实力开发位置服务平台，如功能机时代的霸主诺基亚以及智能机时代的苹果公司。

## 2. 位置服务平台提供商对上下游产业链有何影响?

位置服务平台提供商处于整个位置服务产业链的核心，对上下游产业链都有很强的影响力。产业链中的每个环节都包括了众多的厂商，市场份额越大的厂商影响力越大，反之亦然。

电信运营商通过定制终端与话费捆缚销售，提高终端对定位能力的支持，如为了发展 gpsOne 第三方定位业务，CDMA 运营商在终端规范中规定了 MPC 的 IP 地址、触发定位短信的 teleservice_ID 配置、支持第三方定位的业务流程和接口要求等，这样就可满足运营商在推广 gpsOne 定位应用时，有更多的终端可供选择。

移动互联网服务提供商对芯片、操作系统和终端厂商的影响力较弱，但是拥有巨大的用户群，主要是从应用层面和作为最终用户的触点发挥影响。它们的位置服务平台主要从可用性、数据准确性、平台可迁移性等多个方面开展竞争，争夺更多的业务应用和用户资源，占领更多的市场份额。

终端厂商是手机芯片、操作系统、手机应用的集成商，可以把这几块资源整合在一起，并可直接为用户提供最终的产品应用，从而对上游和下游的产业产生影响。终端厂商在手机产品中可以选择合作的地图导航产品，默认在出厂时就安装配置，可大力提高产品覆盖率；甚至可以自主开发同类型的应用在新手机产品发布时替换，这样就可以快速占领市场。只要产品能满足用户的业务需求，获得极高的用户满意度并拥有固定和忠实的拥护者，就能影响产业链的方向。

位置因素是移动用户的新特征，移动互联网的快速发展使得大家逐渐开始关注这个领域，究竟是利用原有产业的优势发展新兴位置服务市场，还是利用新兴位置服务市场的发展带动原有产业优势的发展，是每个位置服务平台提供商所面临的不同策略选择。上述三种类型的位置服务平台提供商的主要盈利渠道和业务关注点都不是位置服务这个新兴的产业，而是利用位置服务来促进现有产品和用户的发展。

## 3. 目前电信运营商提供了哪些位置服务能力？

电信运营商利用优质的移动网络资源，提供基于核心网信令资源的基站定位能力，其中包括基于控制面的粗定位和基于信令监测系统两种，这种定位能力在国内三家电信运营商中均建设使用。

（1）基于控制面的粗定位：通过移动网络电路域核心网的 HLR 和 MSC 网元，实现基于小区的定位功能，可查询获取用户所在的服务小区，从而计算获得用户位置。这种定位能力属于基站定位技术，具有用户手机终端无感知、无业务冲突、成功率很高、对手机的电源消耗很少、用户投诉少等多个优点。

（2）基于信令监测系统的基站定位：通过信令网络监测系统，收集用户的呼叫记录（呼出和呼入记录）、短信收发记录、位置更新记录，并根据这些信息对用户进行定位，满足某些行业的业务需求。

此外，中国电信和中国移动均建设了 AGPS 的定位平台，提高终端在 GPS 定位时搜索卫星的速度。中国电信还建设了 gpsOne 混合定位能力，支持 AGPS、AFLT、MCS（多扇区）、CS（单扇区）等定位技术。

电信运营商主要通过 Webservice 接口或者 SDK 方式开放定位能力。1）webservice 接口方式主要包括 L1 或者 LE 接口，允许合作定位 SP 调用运营商的定位能力。2）通过定制开发终端定位 SDK，与位置服务应用 SP 合作，允许合作 SP 的定位应用调用电信运营商的定位能力，把第三方定位平台的定位能力开发给公众客户使用。

## 4. 目前移动互联网厂商位置服务平台主要开放了哪些能力？

移动互联网服务提供商的位置服务平台主要使用了基于基站、WI-FI、IP 和 GPS 的混合定位能力，通过广泛使用的用户群，建立自学习和完善的信息库实现定位。

移动互联网厂商的位置服务平台开放能力的方式包括：移动端应用开发 SDK，浏览器能力调用 API，URL 方式能力调用 API 这三类。

（1）移动端应用开发 SDK

主要包括 Android、iOS 两个主流智能手机操作系统的定位 SDK，开发者通过该 SDK 可调用混合定位、地图、地理编码、POI 查询、线路规划、地理围栏，还有专门针对导航应用的功能：GPS 导航、线路导航、文字导航、语音播报、路线规划等。

（2）浏览器能力调用 API

该 API 部署在网站的页面中，由浏览器调用运行。用于在网站中加入交互性强的地图、街景，能很好地支持 PC 及手机设备，可提供地图操作、标注、地点搜索、出行规划、地址解析等功能。包括 JavaScript 方式的 API，以及 Flash 的 API。

（3）URL 方式能力调用 API

包括 WEB 服务 API、URL 方式 API、静态图 API。该类 API 提供 http 接口，开发者通过 http 形式发起检索请求，获取返回 json 或 xml 格式的检索数据。用户可以基于此开发 JavaScript、C#、C++、Java 等语言的地图应用。可提供 POI 检索、坐标转换、地址解析（地址转坐标）、逆地址解析（坐标位置描述）、路线检索、IP 定位等功能。

## 5. 目前有哪些终端厂商提供位置服务平台？

终端厂商和移动互联网服务提供商所能提供的定位能力基本上是一样的，通过 SDK 或者 API 的方式进行发布，提供的定位能力都是混合定位，融合了卫星定位、基站定位、Wi-Fi 定位、IP 定位等定位技术。

诺基亚非常重视位置服务的市场，2008 年收购数字地图提供商 Navteq 后，将其地图功能整合到手机和其他应用程序中，之后诺基亚出品的手机地图支持 MeeGo 系统、诺基亚（塞班 Symbian）系统、以及微软 Windows Phone 系统，用于车辆导航系统、移动导航设备和基于互联网的地图应用产品。诺基亚还发布了跨平台的地图服务“Here”，支持 Android 和 iOS 操作系统，并推出基于 Android 和 iOS 的 SDK，还与 Mozilla 就基于 HTML5 的位置服务展开合作。虽然诺基亚的 Sybian 智能操作系统在 2013 年后停止发展，但地图服务和位置服务平台仍然在三大主流移动终端操作系统（Android、iOS、Windows Phone）中继续发展。

苹果公司曾经在 iphone5 发布时用自己的地图产品替换掉之前的 google 地图产品，表示出苹果有意向位置服务这个产业有所作为。目前苹果公司暂时还是立足于 iOS 产品上发展位置服务，通过手机收集网络和 Wi-Fi 信息，建立数据库。为了弥补地图信息不准的缺陷，苹果收购两家地理位置数据提供商 Locationary 和 HopStop，借此提升地图服务在地理位置服务市场的竞争力。

## 6. 各位置服务提供商有何优劣势?

以下将主要比较电信运营商和移动互联网提供商所提供定位能力的优劣势，如表 3-2 所示。

**表 3-2 各位置服务提供商的优劣势对比表**

| 对比项目/角色 | 电信运营商 | 移动互联网厂商 | 终端厂商 |
|---|---|---|---|
| 定位能力 | 基站定位、AGPS | 混合定位 | 混合定位 |
| 终端定制能力 | 强 | 弱 | 最强 |
| 定位基础信息 | 最准，仅限于自营部分基站，其他运营商的基站信息需要学习 | 一般，但学习能力强，数据量大 | 一般，但学习能力强，数据量大 |
| 定位应用发布渠道 | 一般，通过定制终端渠道发布，以应用市场发布作为补充 | 通过各应用市场和各业务应用的用户触点 | 终端内置和应用市场发布 |
| 定位应用推广范围 | 广，主要面向行业定位应用市场，公众手机应用受众较窄 | 最广，面向公众用户的位置服务应用APP的受众最多 | 一般，主要跟终端普及率有关 |
| 运营风险 | 无 | 存在收集用户信息的政策风险 | 存在收集用户信息的政策风险 |

# ☞【配套篇】

## 1. 为什么需要地图、POI和GIS?

定位能力、电子地图、GIS 和 POI( Point Of Interset 兴趣点）是位置服务应用的四个基础要素。位置信息的格式和坐标系都有所不同，有的采用经纬度方式，有的采用地理位置说明，有些采用室内坐标系，有些采用标准 GPS 坐标系，图商也有独立的坐标系，不同的坐标系之间可以相互转换。

用户使用位置服务的应用产品一般都不希望获得经纬度数据这些毫无意义的数字，而是以此为基础结合应用解决生活中的具体问题，获取各种具体化的信息。举例说明：1）用户想去北京出差会开通导航应用，查询开会地点的具体位置在哪里，以及从机场如何到达。2）用户开车旅行在外地，要找自己所在地附近哪里有加油站，会根据地理位置查询附近的 POI 信息。这个过程利用了电子地图、POI 和 GIS 系统，实现了经纬度数据的具体化和形象化。

## 2. 适合应用于位置服务的电子地图有哪几类?

电子地图（Electronic map），即数字地图，是利用计算机技术，以数字方式存储和查阅的地图。按照数据结构不同，可分为栅格地形图和数字矢量图两种，GIS 同时使用栅格地图和矢量地图，通过不同的图层来进行融合。

栅格图，又称为点阵图或者位图，与分辨率有关，在一定面积的图像上包含有固定数量的像素。常用的栅格图文件保存格式有 bmp、pcx、gif、png、jpeg 等，以 bmp 格式为例，包括 4 个部分：位图文件头、位图信息头、色表和位图数据本身，如图 3–13 所示。

图 3-13　栅格图示例

矢量图是根据几何特性来绘制图形，可以是一个点或者一条线，它的图形元素称为对象。矢量图可放大、缩小或旋转而不影响显示效果， 适合存储和应用于位置服务的地图浏览。常用的矢量图格式包括 pdf、cdr、dwg 等，分别由 Acrobat、CorelDraw、AutoCAD 应用软件支持，如图 3–14 所示。

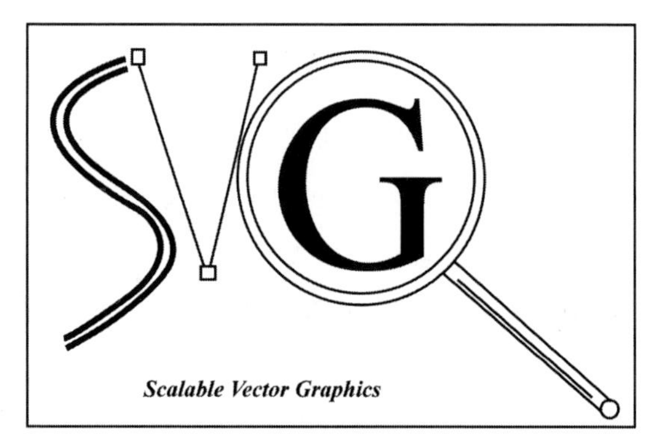


图 3-14　矢量图示例

## 3. 国内主流的图商包括哪些?

国家测绘局于 2007 年 11 月 19 日颁布了《测绘局关于导航电子地图管理有关规定的通知》(国测图字【2007】7 号)，要求导航电子地图的编辑加工等工作只有取得导航电子地图测绘资质的单位才能实施。

导航电子地图的编辑加工、格式转换和地图质量测评等活动，属于导航电子地图编制活动，只能由依法取得导航电子地图测绘资质的单位实施。没有资质的单位，不得以任何形式从事上述导航电子地图编制活动。

国家测绘局网站公布信息显示：截止至 2011 年 1 月 12 日，全国具备甲级导航电子地图测绘资质的企业只有 12 家，具体参考：http：//www.sbsm.gov.cn/article//zxbs/xxcx/jjzzdw/dhdzdtzzdw/201101/20110100077494.shtml。

其中，在互联网上比较常见的主要是四维图新、高德软件、灵图软件、凯立德这几家。

互联网地图服务包括地图搜索、位置服务，地理信息标注服务，地图下载、复制服务，地图发送、引用服务。取得互联网地图服务甲级测绘资质的单位可以从事上述 4 类行为；取得互联网地图服务乙级测绘资质，可以从事地图搜索、位置服务和地理信息标注服务，但不得从事地图下载、复制服务和地图发送、引用服务。

根据国家测绘局官方网站公布的信息显示，全国甲级互联网地图服务测绘资质单位有 166 家（2012 年 9 月 14 日公布）。其中，既包括了中国移动、中国电信这些电信运营商，也包括百度、腾讯这些移动互联网服务提供商。已经具备导航电子地图甲级资质的企业有四维图新、高德软件、灵图软件、凯立德等。

目前国内大型的互联网地图服务提供商腾讯和百度都是使用导航电子地图测绘资质单位所提供的地图，四维图新及高德这两家份额较大。

国际经纬度坐标标准为 WGS-84，国内至少必须使用国测局制定的 GCJ-02 标准，对地理位置进行首次加密。在此基础上，不少电子地图提供商进行了二次加密措施，更加保护了个人隐私。

所以，手机终端把GPS芯片计算得到的经纬度结果（WGS-84），调用移动互联网服务提供商的位置服务平台的SDK或者对外服务API时，通过该API的坐标转换功能把WGS-84坐标转换为该公司偏移后的坐标，再进行地图查询或者POI查询，保证数据的正确性。

## 4. 什么是GIS系统？

GIS系统（Geographic Information System 地理信息系统）是位置服务的核心，也是位置服务的基础。地理信息系统作为一种采集、存储、管理、分析、显示与应用地理信息的计算机系统，是分析和处理海量地理数据的技术，是人类空间认知的有效工具。简单地说，地理信息系统是处理地理数据（信息）的输入、输出、管理、查询、分析和辅助决策的计算机系统。

GIS系统未来发展主要有如下几个方面：

（1）3S集成技术

3S是指地理信息系统（GIS）、遥感（Remote Sensing RS）和全球定位系统（GPS）。3S基础技术的发展，形成了综合的、完整的对地观测系统，提高了人类认识地球的能力。GIS、RS、GPS三者集成利用，构成整体的、实时的和动态的对地观测、分析和应用的运行系统，可提高GIS的应用效率。

（2）WebGIS

GIS通过WWW功能得以扩展，使之真正成为一种大众使用的工具，其中WebGIS是Internet技术应用于GIS的产物。由于地理信息和大量的空间数据都是以文字、数字、图形、影响和多媒体方式表示的，将它们数字化送入Internet，便可方便、快速和及时地将地理信息传输到全球任何一个地方，发挥地理信息在各行各业的应用价值。

（3）移动 GIS

随着移动互联网和终端技术的发展，GIS 已由室内工作站和桌面系统向户外移动终端发展。3G/4G 智能手机的快速普及，加快了移动设备和 GIS 的结合，移动 GIS（Mobile GIS）得到快速发展。移动 GIS 通过无线通信技术与服务器端交互，运行在各种移动终端上，可随时随地进行空间信息服务。其特点是在各种移动终端导航功能的支持下，不受限制地采集到相关信息及时处理并发布给用户。

（4）三维 GIS

三维 GIS 是许多应用领域对 GIS 的基本要求。真正的三维 GIS 必须支持三维的矢量和栅格数据模型以及以此为基础的三维空间数据库，解决三维空间操作和分析问题。

## 5. GIS系统主要能实现哪些功能?

GIS 系统包含了处理空间或地理信息的功能，包括对数据的采集、管理、处理、分析和输出。通过利用空间分析技术、模型分析技术、网络技术和数据库集成技术等，更进一步演绎丰富的相关功能，满足用户的广泛需要。所以，GIS 的功能可分为数据采集与编辑、数据处理与存储管理、图形显示、空间查询与分析，以及地图制作。

（1）数据采集与编辑

数据采集与编辑是 GIS 的基本功能，主要用于获取数据，保证 GIS 的数据在内容与空间上的正确性等。目前采集的方法与技术很多，常用的方法是数字化扫描，最受人关注的自动扫描输入和遥感数据。另外，GPS 技术在测绘中的应用，可以准确、快速地确定人或物体在地球表面的位置，可利用 GPS 辅助原

始地理信息的采集。

（2）数据处理与存储管理

对数据的存储管理是建立 GIS 数据库的关键步骤，涉及对空间数据和属性数据的组织。数据处理包括数据格式化、转换和汇总。GIS 中的数据分为栅格数据（X，Y）和矢量数据（经纬度）两大类。栅格模型、矢量模型或者栅格 / 矢量混合模型是常用的空间数据组织方法。目前大多数 GIS 采用了分层技术，根据地图的特征，把它分成若干层，整张地图是所有层叠加的结果。

数据库技术是数据存储和管理的支撑技术。除了与属性数据有关的 DBMS 功能之外，还需要具备对空间数据的管理，包括空间数据库的定义、数据访问和提取、空间检索、数据更新和维护等。

（3）图形显示

GIS 的功能之一就是根据用户的要求，通过对数据的提取和分析，以图形的方式表示结果。地理比例尺对于用户感受和地理研究具有决定意义，根据不同的详略程度，允许地图存在多级比例尺数据源。用户对地理环境既需要有宏观上的认识，也有观察局部细节微观上的要求。所以，GIS 必须采用多种比例尺共存的方式，满足内容展示的多层次需求。

（4）空间查询与分析

通过 GIS 提供的空间数据查询与分析功能，可从已知的地理数据中得出隐含的重要结论，对于 GIS 的应用是至关重要的。GIS 通常使用空间数据引擎存储和查询空间数据库。空间数据引擎在用户和异构空间数据库的数据之间提供一个开放的接口，属于中间件技术。

GIS 的空间分析分为：拓扑分析（点、线、面、群关系）、方位分析（东南西北的访问关系）、度量分析（距离、长度、半径、面积等的计算）、混合分析（最优路径、中心服务范围等）、栅格分析（布尔逻辑运算）和地形分析（坡度、坡向、剖面）等。

（5）地图制作

地图制作是将用户查询的结果或是数据分析的结果以文本、图形、多媒体、虚拟现实等形式输出，是 GIS 问题求解过程的最后一道工序。采用 GIS 可以将数据矢量化，从而使与空间有关的各种数据（信息）叠加在电子地图上。对空间数据进行各种渲染，高效、高性能、高度自动化处理是 GIS 制作地图的重要特点。

## 6. 现有主流的GIS厂商包括哪些?

GIS 是一个大的学科，包括的内容较多。面向位置服务产业的 GIS 可分为基础平台、GIS 应用平台、GIS 开发服务，其中 GIS 基础平台的技术壁垒较高。

GIS 基础平台软件技术复杂，专业门槛高，仅有少数 GIS 平台厂商参与竞争，市场份额前三名为 ESRI、超图、中地数码。GIS 应用平台软件和技术开发服务领域的市场分散，尚未形成绝对的市场领导者。

前面提到的导航电子地图图商（具备导航电子地图甲级测绘资质的公司）属于 GIS 的地图应用。移动互联网服务提供商的位置服务平台属于 GIS 的应用平台，其中较为典型的就是百度地图和腾讯地图、诺基亚地图服务。

## 7. 什么是基础POI和深度POI?

基础 POI，简称 POI 是“Point of Interest”的缩写，可以翻译成“信息点”，每个 POI 包含四方面信息，名称、类别、经度、纬度。基础 POI 严格来说属于简单的矢量数据，就是坐标点标注数据，也是电子地图上最常用的数据图层。

例如：

| 名称 | 类型 | 经度 | 纬度 |
|---|---|---|---|
| 全聚德（前门店） | 餐饮 | 东经 116° 23′ | 北纬 39° 53′ |

深度 POI 是在基础 POI 的基础上，包括更多丰富的信息，如停车场车位、酒店和餐馆评价、商家打折信息、电话信息等。就某家餐馆而言，包括订餐电话、客容量、包间数、招牌菜、菜系 / 风味甚至打折情况等等丰富的信息。

基础 POI 和深度 POI 数据必须与基础地图坐标系统匹配，与电子地图配合使用，另外，必须符合国家法规政策，如国家保密单位的处理，POI 审查等。

## 8. POI的获取方式有哪些?

POI 数据的采集和生产来源五花八门，主要有以下几种。

（1）人工采集：通过整合 GPS 的摄像机，步行或者车行，进行扫街持续拍摄，再根据拍摄结果手工进行输入和标注，这种方式适合于大规模进行采集标注，效率高，成本低，车行居多，尤其适合沿街的店面和场所的采集和标注。在一些车辆不能到达的地方，或者商户设施变动频繁的某些区域使用，则通过专职或者兼职人员，使用手持含 GPS 的智能设备（比如智能手机），进行拍摄取证，输入，提交，进行采集。这种方式是目前数据采集供应商的主要采集手段之一。

（2）地址反向编译：通过门牌地址号码，以及矢量地图中的道路数据，运用算法进行定位标注。这种标注精度相对最低，准确性也不高，但是成本非常低，用在不需要特别高精度，成本控制也比较严的采集领域。大家在地图服务搜索框中输入地址门牌号，可以直接出现标注点，用的就是这个技术。

（3）利用黄页数据加工处理：电信行业固网运营商维护有商家的电话号码信息，这部分资源非常丰富，可针对该内容采集位置（经纬度）数据后，转换为 PIO 数据。

（4）通过互联网抓取：主要针对移动互联网服务提供商，通过免费向社会开放地图服务（开放 API），尤其对于免费企业客户的开放，在其公开的地图服务上的标注中进行筛选和获取，各取所需，真正满足“我为人人，人人为我”的互联网精神。另外一种方式是可以直接从一些专业类服务网站上抓取。

（5）直接购买获取：直接找内容比较丰富的厂商购买。

国内 POI 数据的供应商没有太多资质限制，数量相对地图数据供应商要多很多，例如四维图新、高德、图吧等图商都提供 POI 数据，每个 POI 数据供应商都有其自己的分类方式、数据定义等内容。很多时候，大家采用数据互换的方式互通有无。

# ☞【SP篇】

## 1. 目前主要有哪些定位应用提供商？

位置服务平台提供商除了提供位置服务平台之外，也可以直接给最终用户提供定位应用，如电信运营商（中国移动、中国电信、中国联通）、移动互联网服务提供商（百度、腾讯、google）、终端厂商（诺基亚、苹果）本身就是定位应用提供商。凭借着丰富的客户资源、强大的影响力以及技术实力，位置服务平台提供商提供的定位应用都能在相应领域中占有优势。

某些地图提供商凭借着丰富的 POI 信息、强大的地图测绘能力，也可兼作定位应用提供商的角色，直接给用户提供地图导航类的定位应用，主要代表是高德、凯立德、灵图。

互联网内容提供商（ICP Internet Content Provider）借助终端的定位能力或者位置服务平台开放的定位能力，在移动互联网上提供了丰富的结合位置因素的定位应用，包括墨迹风云（墨迹天气）、大众点评、阿里巴巴（淘宝）等等。

## 2. 电信运营商主要提供哪些定位应用？

电信运营商面向不同的客户群，提供不同的定位应用。

（1）面向政企类行业用户，主要提供的定位应用有1）定位调度类产品，实现对物流行业的送货人员、保险单位的理赔取证人员、警务外勤人员的调度等；2）行业信息化类产品，向渔业、物流行业提供包括定位功能的信息化平台产品，既可实现人员的调度，又可实现行业信息的发布和管理；3）车载导航类产品，与汽车厂商合作，在实现车载导航的基础上，实现车辆的安全监控、电子围栏等功能；4）紧急呼叫定位产品，与警务、消防、保险等单位合作，对拨打紧急号码的用户进行定位，帮行业客户实现本地化的快速调度服务。

（2）面向公众用户类用户，主要提供的定位应用有：1）手机导航产品，通过APP的方式提供地图浏览、自我定位、线路规划、路线导航、交通信息查询等功能；2）亲情定位产品，主要是对家庭用户提供的，对老人、小孩的定位跟踪、电子围栏告警的功能；3）号百商旅，是中国电信固网运营商的查号资源整合的产品，可提供酒店查询、预定，机票预定，地图导航的功能，解决商旅出差、旅游交通的诸多问题。

## 3. 移动互联网服务提供商主要提供哪些定位应用？

根据各自擅长的信息服务领域，移动互联网服务提供商提供的具备位置服务功能的应用包括：（1）地图导航类，包括百度地图、腾讯地图、高德地图、凯立德导航、导航犬、谷歌地图，实现地图搜索、自我定位、线路规划和路线导航等功能；（2）信息服务类，包括墨迹天气、大众点评、城市地铁信息（如北京地铁、上海地铁、广州地铁）等，引入用户精准位置信息实现信息内容的精准服务。（3）社交类，包括QQ、微信、空间、微博等，手机上的社交应用可以实现基于用户位置的交友功能，可查询用户附近的人或者分享自己的位置给好友等功能。

## 4. 位置服务平台提供商的盈利模式有哪些？

位置服务平台提供商的盈利模式主要包括以下几项。

（1）前向收费

移动互联网服务提供商面向信息使用者或应用购买者收费，包括用户包月费、应用购买费等。一般在新兴市场中容易出现，后面随着其他商家的加入，会以免费提供的方式抢占市场，破坏原有收费模式，迫使原来收费的厂家实现同样的免费策略。譬如，在地图导航领域刚刚发展时，地图导航软件是需要收费购买的，随着竞争者的加入，目前已经基本上是免费销售了。

电信运营商主要是针对公众用户和行业用户的收费方式，包括：1）对定位用户使用定位能力按次收费的方式，2）按月功能费的方式或者封顶包月的方式，允许用户调用定位能力固定的次数，超出的部分需另外收费。

（2）后向收费

移动互联网服务提供商通过对企业单位或信息提供者收取费用，包括广告发布费、竞价排名费、冠名赞助费、会员费等费用。该收费模式是移动互联网厂商采用最多的盈利方式之一。具有代表性的有搜索引擎类网站，如谷歌、百度等；电子商务网站，如淘宝、京东商城等；还有成千上万的小应用，都以网民的点击量为依据，向后向客户收取广告费。

# 【应用篇】

## 1. 什么是主动定位业务，什么是第三方定位业务?

定位业务按定位请求的发起者来区分，可以分为主动定位业务和第三方定位业务。主动定位由手机终端上的定位应用发起，向位置服务平台请求自己的位置，查询周边 POI 信息、地图导航等，其应用的范围较广，即自己定位自己。

第三方定位又叫 NI 定位（Network Initial，网络侧发起），由 SP/SI 向位置服务平台发起对被定位用户的定位请求触发的定位流程，即第三方定位自己。

## 2. 主动定位的业务流程是怎样的?

移动终端的定位能力调用主要包括 SDK 方式和浏览器两种方式，下面将对两种方式的定位流程进行说明。

（1）SDK 发起的主动定位。定位业务流程如图 4-1 所示。

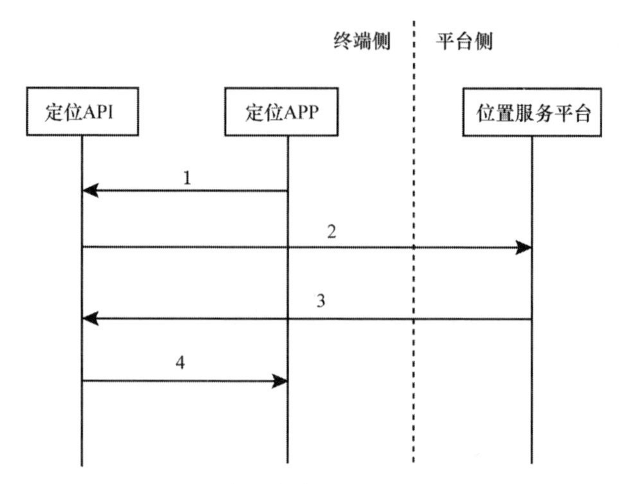


图 4-1　主动定位业务流程（SDK）

流程说明如下。

1）定位应用 APP 需要获得移动终端当前的位置，调用位置服务能力开放的定位 API。

2）定位 API 调用操作系统底层的接口，获得用户的相关信息（不同的定位技术需要获取的内容会有所区别，譬如混合定位技术需获取基站信息、Wi–Fi 的热点信息、IP 地址信息；gpsOne 定位技术则获取基站信息和无线网络信息），向位置服务平台发起定位请求。如果手机侧打开了 GPS，并且 GPS 的定位结果已经获得，则把定位结果也发送给位置服务平台。

3）位置服务平台对移动终端定位 API 上报的信息进行定位计算，得到用户的位置，并返回给用户。

4）定位 API 把相关位置返回给定位应用。

上述流程除了满足定位能力调用之外，还满足地图查询、POI 查询、路线规划等等功能，由定位 API 的不同方法与位置服务平台之间进行交互实现。

（2）浏览器发起的主动定位。定位业务流程如图 4–2 所示。

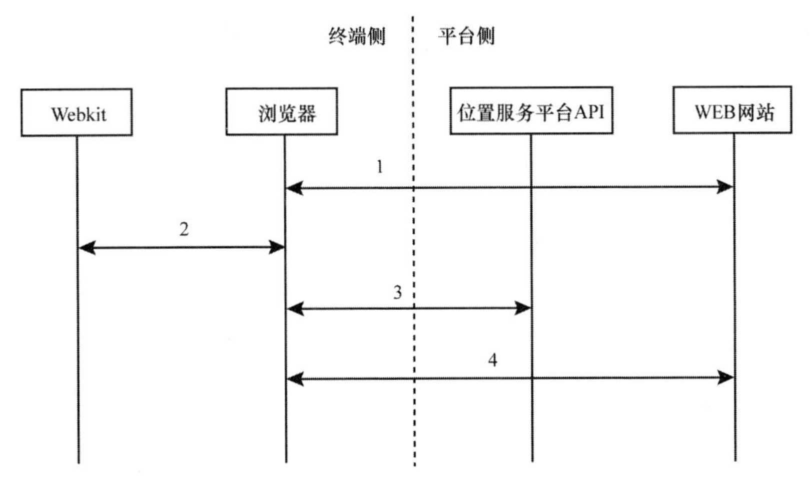


图 4-2　主动定位业务流程（浏览器）

流程说明如下。

1）手机浏览器访问 WEB 网站，部分内容需要调用位置服务平台的能力开放接口。

2）浏览器解释到该 API 能力接口时，由 Webkit 浏览器引擎触发定位，通过底层的接口获得用户位置。

3）浏览器把用户位置发送给位置服务平台的 API 接口，并申请查询 POI、地图查询、路线规划等功能。

4）浏览器继续访问 WEB 服务网站的其他内容。

目前有些 APP 采用了内置的浏览器进行位置服务的功能调用，流程和原理与上述描述基本一致。

## 3. 第三方定位的业务流程是怎样的?

第三方定位业务由电信运营商通过移动核心网络的能力和终端定制功能实现，常见的有核心网信令方式（以基站定位为例）和短信触发方式两种。

（1）核心网信令方式（基于控制面），定位业务流程如图 4−3 所示。

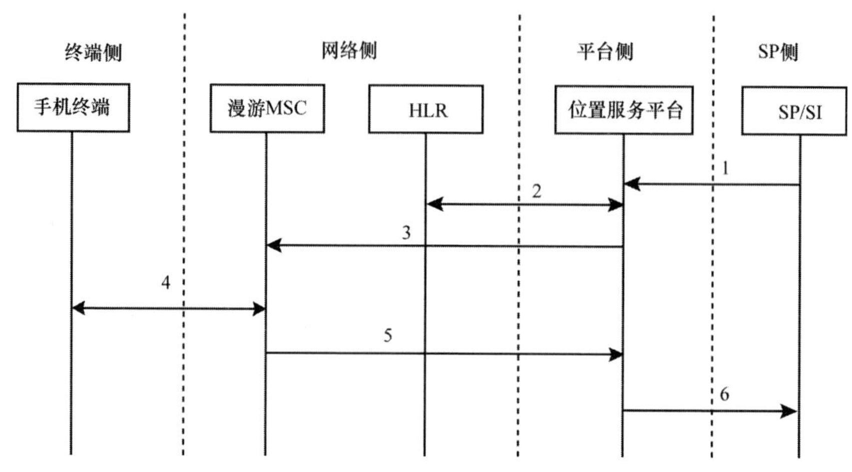


图 4-3　第三方定位业务流程（核心网信令）

流程说明：

1）SP/SI 向位置服务平台发起定位请求，位置服务平台需完成用户隐私关系确认，只有与 SP 厂商签约了白名单的用户才会通过；

2）位置服务平台通过 NO.7 信令网向用户归属 HLR 查询用户漫游的 MSC；

3）向用户漫游 MSC 发送定位查询信令；

4）漫游 MSC 根据 VLR 中的用户状态，向用户发起寻呼，更新用户的服务小区信息；

5）漫游 MSC 把更新后的用户服务小区信息返回给位置服务平台；

6）平台计算获得用户位置，并返回给 SP/SI。

（2）短信触发方式（基于用户面），定位业务流程如图 4−4 所示。

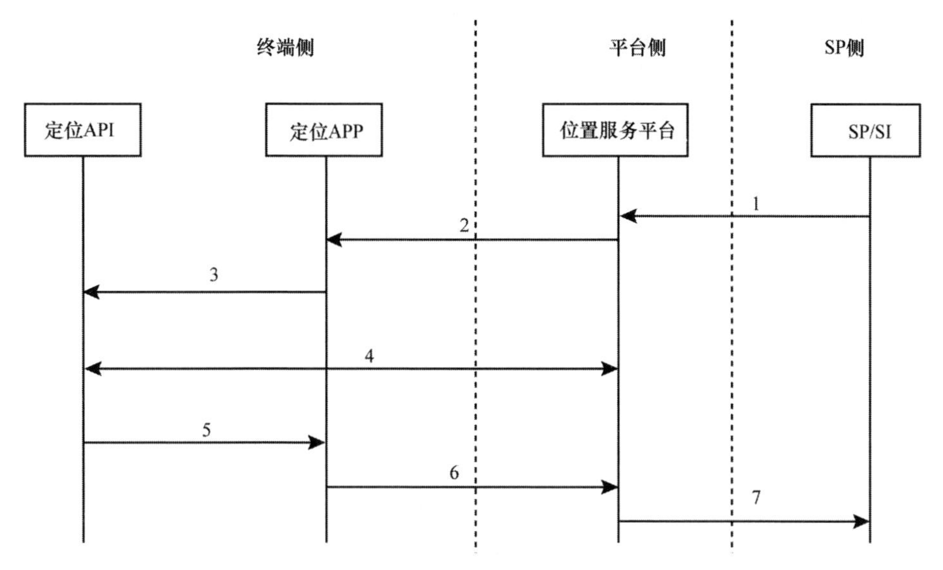


图 4-4　第三方定位业务流程（短信触发）

流程说明：

1 )SP/SI 向位置服务平台发起定位请求，位置服务平台需完成用户隐私关系确认，只有与 SP 厂商签约了白名单的用户才会通过；

2 ）位置服务平台通过电路域核心网把特殊短信发送给被定位用户，手机解释该短信为定位业务触发短信并交给定位 APP 处理；

3 ）定位 APP 调用定位 API，触发定位流程；

4 ）定位 API 从底层接口获得移动终端的网络信息（基站扇区号、无线网络信息等），并发送给位置服务平台，辅助平台完成定位计算，位置服务平台把计算结果返回给 API；

5 ）定位 API 把结果返回给定位 APP；

6 ）定位 APP 把定位结果返回给位置服务平台；

7 ）位置服务平台把定位结果返回给 SP/SI。

## 4. 定位业务有哪些常用分类方法?

除前面介绍的定位业务可按定位请求的发起方式分为主动定位和第三方定位，还有其他多种分类方法，如按使用功能划分为地图导航类、电子商务类、餐饮类等；按终端类型可分为手机应用、车载应用等；按定位业务的使用用户群体分为行业应用和公众应用两大类，后面将按照最后一种分类方式来介绍，先介绍一下这两个定义。

行业应用面向特定行业用户，是为满足某个行业的信息化需求而定制的定位应用，主要采取第三方定位的方式。如警务 E 通、物流 E 通。

公众应用面向公众用户，由服务提供商（SP）整合服务和定位能力开发出定位应用，为公众客户提供便利，解决日常生活中的某些需求，主要采取主动定位的方式，如地图导航和大众点评等。

实际上除了上述两类应用之外，还存在部分应用同时提供面向行业应用和面向公众应用的版本。譬如 2014 年初非常红火的滴滴打车，由北京小桔科技有限公司与出租车行业合作推出，给公众客户打车带来很大的便利，这个应用既有面向出租车司机的行业版本，也有面向公众用户的公众版本。

# ☞【行业应用篇】

## 1. 目前定位行业应用主要有哪几种分类方法?

（1）按照定位的对象可分为对人员定位、车辆定位和物品跟踪三类。人员定位就是通过手机这个随身携带的物体实现对物流人员或者老人小孩的定位，车辆定位就是对装有网络模块的车辆进行跟踪和定位，如车载 E 通；物品跟踪一般通过 RFID 这种无源技术实现跟踪，目前 RFID 监测设备主要部署在仓储、流转节点，所以无法周期性或者随时随地对物品进行跟踪，只能在运输过程中分开多个节点进行扫描跟踪。

（2）按照客户类别可分为政府客户和行业客户两类。政府客户包括公安、司法、消防等政府单位机构，这一类的行业应用主要由电信运营商提供定制化的服务，移动互联网服务提供商的案例较少；行业客户主要指中小企业客户的应用，包括物流行业、交通运输行业的应用，这类客户的需求较多，合作的内容和实现的形式也比较丰富，移动互联网提供商也可以通过定制客户端软件的方式提供服务，譬如滴滴打车应用。

## 2. 典型的行业应用有哪些？

目前行业应用主要由电信运营商提供，国内三大电信运营商都推出了各自的产品，尽管名字不同，但功能大同小异。

中国移动推出的有车 E 行和车务通。车 E 行是与汽车厂商合作，提供专业性的行业导航以及车载生活娱乐等功能。车务通利用地图实现车辆或人员位置管理，它适合于交通运输、物流、安保、矿区、林业、政府机关等企事业单位，企业可以通过车务通随时掌握内部车辆和员工的位置信息，提高管理效率，降低运营成本。

中国电信推出的有外勤助手、安保 E 通、物流 E 通。外勤助手以定位、GIS 和短信通信能力为核心，面向外销、外巡、外修及外送四大目标市场，解决外勤工作过程中与企业内部管理交互难的问题。安保 E 通是针对警务治安管理工作单位的行业应用产品，以无线定位管理为核心，可快速进行人员调度，提升管理水平。物流 E 通针对交通物流企业提供快速智能调度、便捷的任务管理、精准的实时定位、方便的条码扫描等核心功能。

中国联通推出的有移动警务、手机勘查。移动警务是基于联通 3G 网络和智能终端，为公安系统提供的一套安全、可靠、开放、实用的警务综合应用，实现现场取证、资源监控等功能。手机勘查是结合 GPS、GIS 技术，实现勘查人员定位调度、现场查勘数据、照片取证上传等功能。

行业应用的产品很多，区别主要在于行业客户的管理需求不同、日常工作流程不同，需要添加位置服务能力提升管理水平，从而衍生出众多不同的应用。

## 3. 目前国内主流电信运营商的定位平台架构是怎样的?

以下分别列举各主要电信运营商的定位业务网络架构，并且说明定位能力的调用方法。

（1）中国移动

中国移动主要建设了两种定位能力：基于 CELLID 和 AGPS，前者采用了基站定位技术，后者属于网络辅助的 GPS 定位技术。位置服务平台的网络如图 4-5 所示。

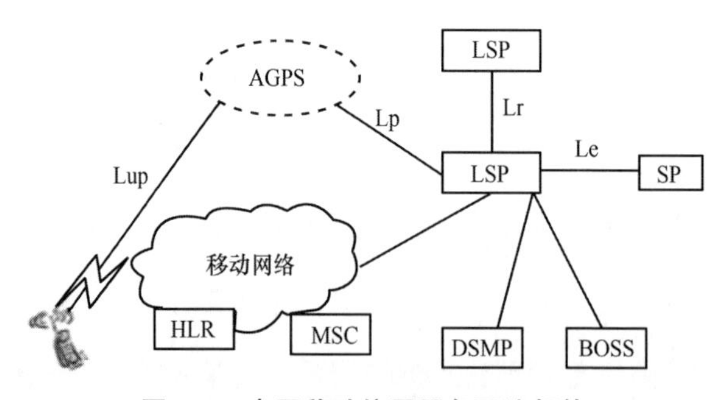


图 4-5　中国移动位置服务网络架构

LSP（Location Service Platform）是实现LBS业务的核心设备，一方面需要跟DSMP联合对定位主被叫用户与SP进行认证和鉴权，另一方面把通过运营商网络得到的用户位置信息返回给SP。LSP还与BOSS系统互连，将符合规定的话单定时定量传送给BOSS系统。LSP目前是按照分省建设，各LSP之间通过Lr接口进行互连。

AGPS（Assisted GPS）是实现高精度定位功能的能力平台，需要跟LSP、终端交互定位信息、辅助数据完成定位。AGPS定位平台与无线承载网络无关，适用于GSM和TD-SCDMA网络，但需要定位终端适配SUPL（Secure User Plane Location）规范。

SP是提供位置服务的服务提供商，调用运营商的定位能力，并结合电子地图、GIS系统以及行业客户的功能开发，为各个行业的用户提供服务。

中国移动的行业定位应用主要采用第三方定位的方式，LCS Client（定位服务客户端）通过Le接口调用中国移动的定位能力进行定位，如图4-6所示。

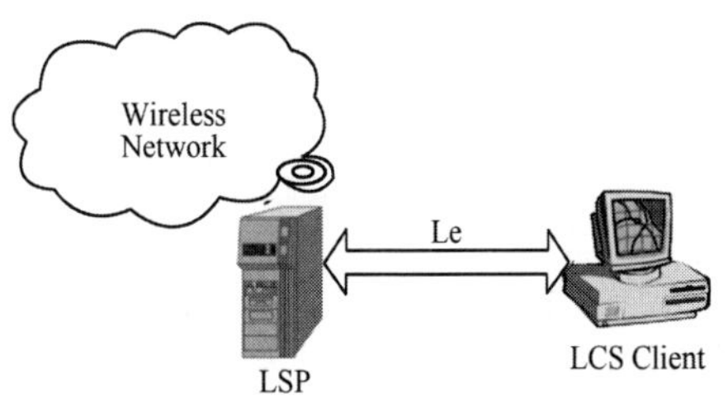


图4-6　Le接口调用示意图

（2）中国电信

中国电信建设了两种定位能力：粗定位和精定位平台，前者采用基站定位技术，后者采用gpsOne定位技术。位置服务平台的网络如图4-7所示。

精定位平台包括MPC、PDE、APE这三个主要网元，MPC（Mobile Position Center 移动定位中心）是精定位平台的控制平台，完成用户接入鉴权、SP的接入鉴权，定位算法选择、PDE的资源调度功能等；PDE（Position

Determining Entity，定位计算实体）是与 gpsOne 定位终端进行定位计算的功能实体，APE（Advanced Position Entity）模块，实现基于核心网信令的基站定位功能。粗定位平台就是 MALS，通过接入 7 号信令网，实现基站定位能力。

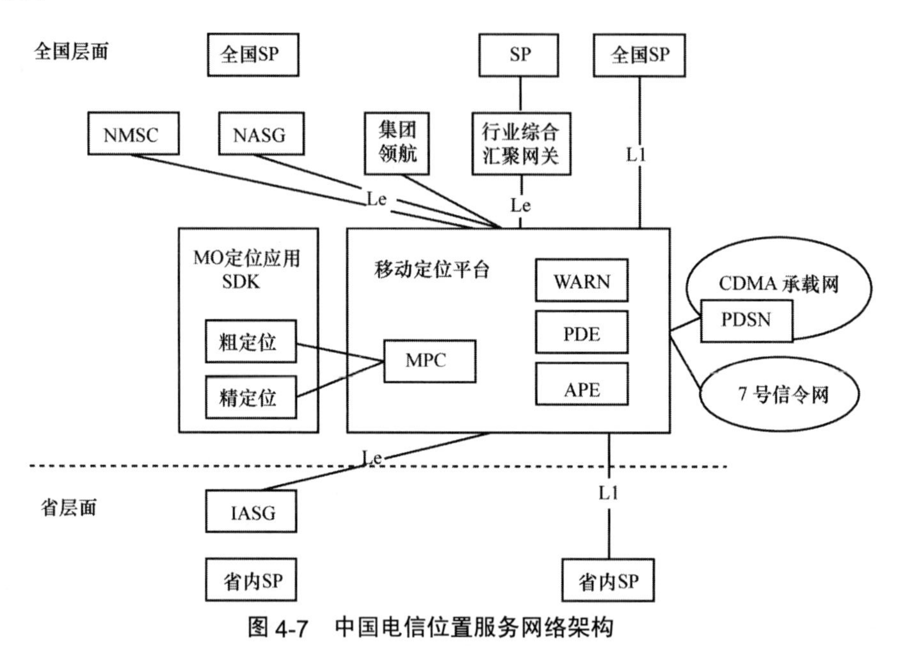


图 4-7　中国电信位置服务网络架构

（3）中国联通

中国联通目前在全国总部建设了粗定位平台，使用基站定位能力，各省建设定位接入子系统，通过 L1 接口对外提供定位能力调用发展行业应用，组网如图 4-8 所示。

## 4. 目前电信运营商对外开放的接口协议包括哪些?

目前调用第三方定位能力的接口协议主要有 Le 接口协议（中国移动、中国电信）、L1 接口协议（中国电信、中国联通）。

（1）Le 接口协议

中国移动和中国电信分别发布了各自的 Le 接口协议相关的企业标准，两者在协议结构、元素定义、服务类型上是一致的，只是在 DTD（Document Type Definition）的元素和属性上有所区别。

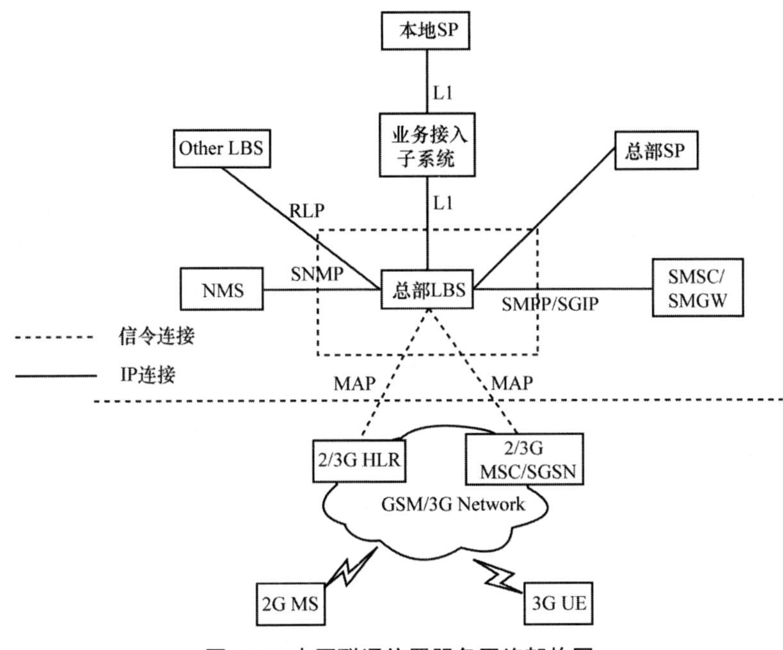


图 4-8　中国联通位置服务网络架构图

Le 接口协议属于应用层协议，不依赖于底层移动网络技术的移动终端定位。Le 接口能够返回位置请求中目标移动终端的位置信息，移动终端位置信息的返回形式可以为数字、文本等。该协议基于 HTTP、SSL/TLS 和 XML 等现有 Internet 技术，有利于基于位置的应用程序开发。Le 接口协议的结构如图 4-9 所示。

Le 接口协议分为三层：传输层、元素层和服务层。传输层定义了 XML 内容的传输承载协议，常见的传输协议包括 HTTP、WSP、SOAP 等；传输层之上为元素层，定义了服务层中共用的元素，包括标识元素定义、功能元素定义、位置元素定义、结果元素定义、形状元素定义、定位质量元素定义、网络参数元素定义和上下文元素定义共 8 个；服务层定义了 Le 接口能够执行操作的服务类型集合，包括以下几项服务。

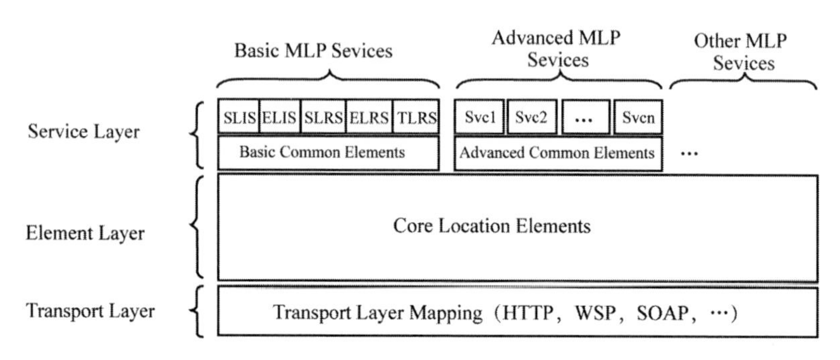


图 4-9　Le 接口协议结构

1）标准位置立即服务（SLIS：Standard Location Immediate Service），用于要求立即获得一个（或多个）LCS 响应的服务，也可以用于预定时间内的多个异步位置响应。

2）紧急位置立即服务（ELIS，Emergency Location Immediate Service），用于紧急呼叫发起的对终端移动用户的位置查询中。要求在一定时间内或者立即获得响应。

3）标准位置报告服务（SLRS，Standard Location Reporting Service），用于移动用户请求 LCS Client 接收终端位置。位置服务器向 LCS Client 发送位置信息。

4）紧急位置报告服务（ELRS，Emergency Location Reporting Service），用于无线网络在紧急呼叫中自动发起定位。

5）触发位置报告服务（TLRS，Triggered Location Reporting Service），用于指定时间间隔或指定事件发生时报告移动终端的位置服务。

Le 接口规范定义了 Le 接口概述、移动位置服务定义、DTD 中的元素和属性、结果代码定义、HTTP 映射等。

（2）L1 接口协议

L1 接口协议主要在中国电信和中国联通使用，与 Le 接口协议非常相似，同样属于应用层协议，承载于 HTTP、SSL/TLS 之上，采用 XML 方式传递参数，可以灵活扩展和便于阅读。协议结构采用传输层、元素层、服务层三层架构。L1 和 Le 接口协议的主要区别在于定位接口上，L1 接口定义了三种定位请求和一个位置触发请求报告：1）位置立即请求（LIR，Location Immediate Request），指立即（在一定的时间内）需要获取一个位置响应的位置请求；2）触发型位置请求（LTR，Location Trigger Request），指不要求立即获取一个或多个位置响应的位置请求，而是通过预设触发条件（如定时触发），当满足触发条件时，定位平台会发起定位，并向 LCS，Client 以定位请求报告的形式返回测量结果；3）触发型位置请求取消（LCTR，Location Cancel Trigger Request），用于取消触发型定位请求；4）位置触发请求报告（LTRR，Location Trigger Request Report），指对触发位置请求（LTR）的定位测量报告。

## 5. 什么是车管E通?

“车管 E 通”具备了车辆管理中所需的车辆定位、监控告警、车辆调度、视频监控等核心功能，为企事业单位打造了一套高性价比的车辆综合管理平台，实现“低成本，高效率”的管理目标。市场定位主要包括两类行业客户的车辆：（1）政府、公安等政府部门的行政车辆；（2）行业客户的危险货物车辆、客运车、旅游包车、重型货车、汽车列车、建筑物料车、校车、教练车。

车管 E 通包括如下主要功能。

1）车辆定位，提供终端定位、地点搜索、点图搜索、轨迹导入以及轨迹回放等。

2）告警状况，提供告警信息管理功能。包括告警信息的分类查询、处理、统计等。

3）统计分析，提供车辆相关数据统计分析功能。包括里程统计、油耗统计、月度分析、费用报表、车辆行驶记录统计、车辆基本信息统计等。

4）信息录入管理，提供各种车辆信息的维护管理和查询功能。包括维修、出车、年审、车票、车船税、车辆投保及索赔、安检等记录信息。

5）告警设置，提供告警区域配置管理功能。包括区域管理、线路管理、车速管理、告警信息接收人设置等功能。

6）系统管理，提供终端信息、用户信息和数据字典等信息的配置管理，提供操作日志、登录日志的查看、查询等。

## 6. 车管E通的系统架构和实现原理是怎样的?

车管 E 通的网络架构如图 4-10 所示。

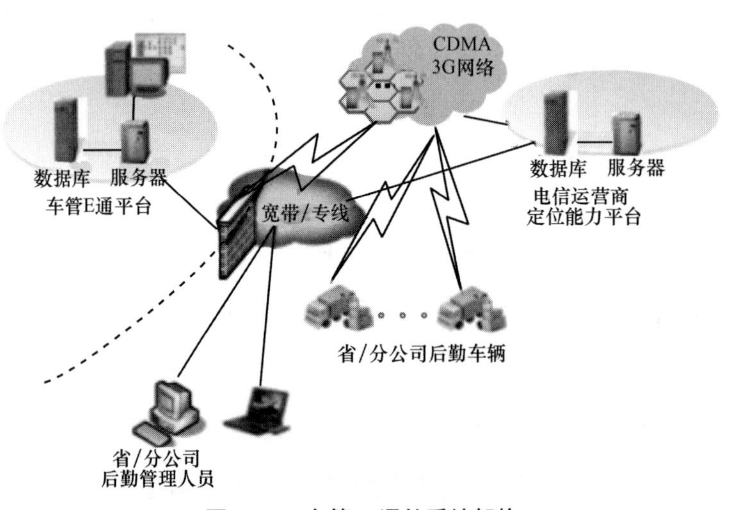


图 4-10 车管 E 通的系统架构

图 4−10 中的车管 E 通的管理平台布设在运营商的行业应用平台机房中，给各行业客户提供管理账户和密码；行业客户通过申请宽带接入资源，或者使用已有的网络接入方式登录到车管 E 通的管理平台，对下属的车辆进行定位和管理；行业客户对下属车辆配置按照车载终端（带手机 UIM/SIM 卡）或者具备定制的手机终端。

如图 4−11 所示为车管 E 通的系统功能模块设计图。

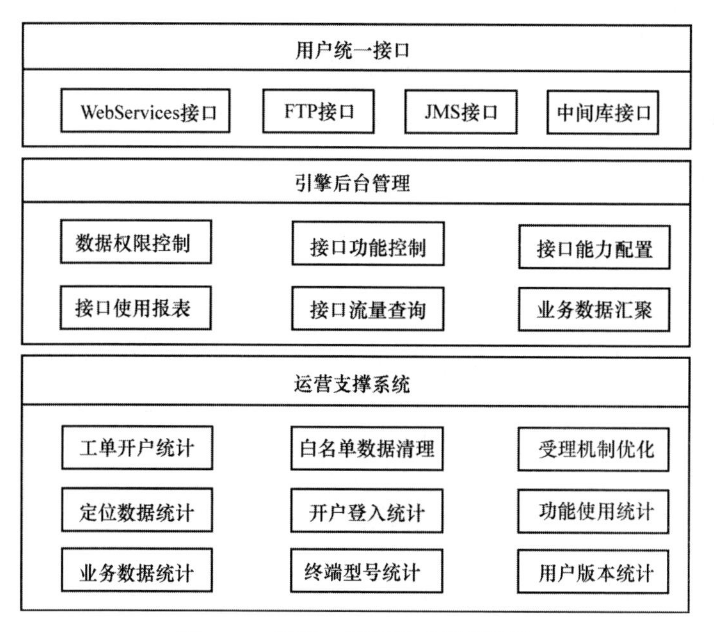


图 4-11　车管 E 通系统功能模块图

## 7. 什么是外勤E通?

外勤 E 通是电信运营商为生产销售型企业和客服型企业提供一款以无线数据传输及移动定位管理为核心的行业应用产品，具备实时定位、轨迹回放、电子围栏、外勤照片上传等功能。

外勤 E 通行业包括如下特色功能。

（1）调度管理，高效业务信息交互、合理资源调配。管理人员和外勤人员可以通过系统随时了解位置、客户等信息，根据业务需要进行任务派发接收等操作，从而实现高效的业务交互和合理的资源调配。

（2）现场反馈，足不出户随时掌握一线情况。外勤人员通过上传现场情况照片（包含位置信息），及时方便汇报现场情况，后台自动汇总各类汇报信息，方便管理人员随时了解现场情况。

（3）考勤管理，人性化与制度化管理的融合。通过外勤人员主动上报位置（或拍照上传）实现上下班考勤，省去传统打卡麻烦的同时满足管理要求，体现人性化与制度化管理的融合。

（4）日常办公，通知公告、差旅申请、费用管控轻松搞定。通过系统可以统一发布通知并接收外勤人员的反馈，提升通知的有效性；同时外勤人员日常出差、费用报销可以通过手机端实现，方便外勤人员的同时提升管理效率。

## 8. 外勤E通的系统架构和实现原理是怎样的?

外勤 E 通的系统架构如图 4-12 所示。

图 4-12 中的外勤 E 通的管理平台布设在电信运营商的行业应用平台机房中，给各行业客户提供管理账户和密码；行业客户通过申请宽带接入资源，或者使用已有的网络接入方式登录到外勤 E 通的管理平台，对下属的车辆、外勤人员进行定位和管理；行业客户对下属车辆配置按照车载终端（带手机 UIM/SIM 卡）或者具备定制的手机终端。

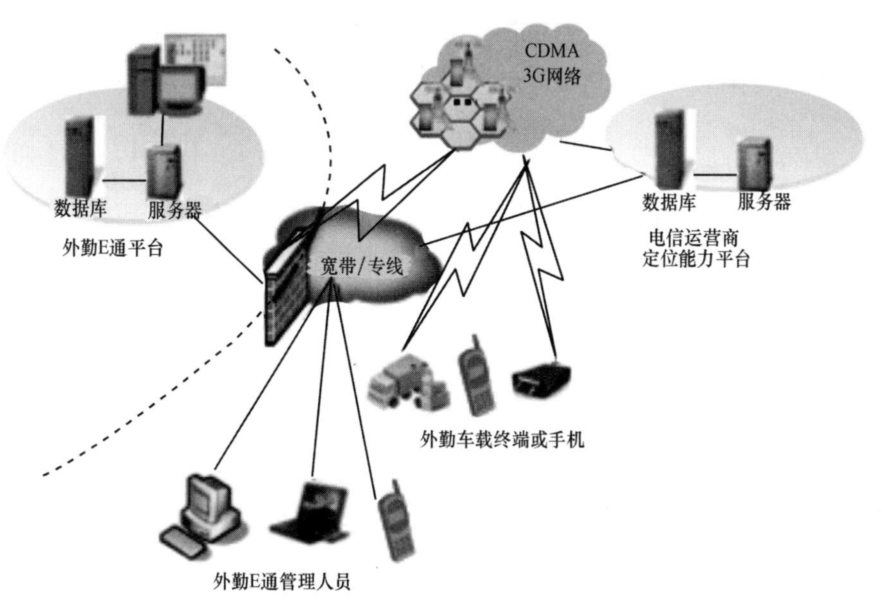


图 4-12　外勤 E 通的系统架构原理图

外勤 E 通的系统功能架构图如图 4–13 所示。

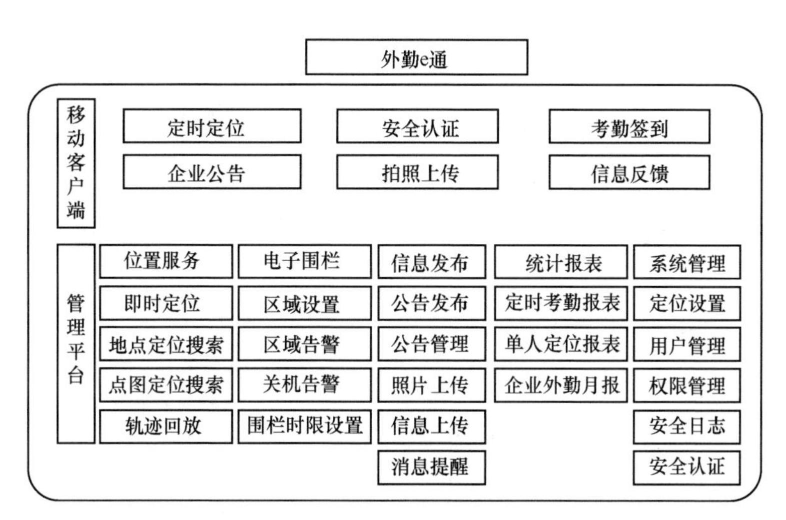


图 4-13　外勤 E 通系统架构图

## 9. 拨打紧急特服号码（110/119）的用户定位是怎样实现的?

电信运营商与公安/消防部门合作，对拨打紧急号码（110/119）的主叫用户进行定位，目的就是快速获得拨打用户的位置，可就近派遣所属公安/消防部门提供服务，加快响应速度。

由于历史原因（中国移动、中国电信、中国联通三家运营商的前身同属电信局），公安、消防部门的110、119接听电话基本上都是连接到中国电信本地网级别的专用汇接局。中国移动、中国联通用户所拨打的110/119电话需通过本地网的关口局送到中国电信的网络，再接入到公安、消防部门。中国电信的移动网络和固定网络也是两套相对独立的网络，组网架构和其他两家运营商的类似，如图4-14所示。

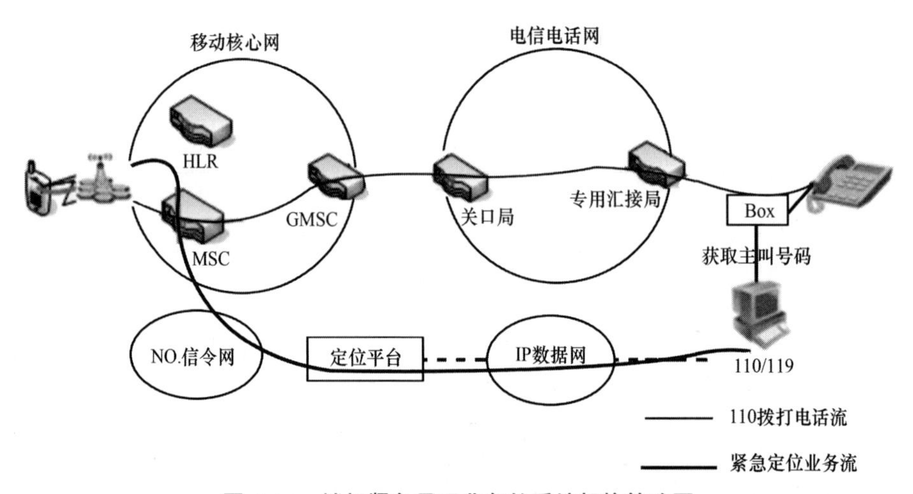


图4-14 拨打紧急号码业务的系统架构简略图

图4-14简略展示了中国电信移动用户拨打紧急特服号码的话路走向，以及对主叫号码进行定位的流程走向。实际上，公安/消防的合作方必须跟国内三大电信运营商同时连接，才能满足对所有拨打了紧急特服号码的主叫用户进行

定位的需求。

为了避免公安局、消防局的合作方利用该定位通道进行其他非法用途，系统设计上对拨打紧急号码的手机号码进行了两次鉴权判断，第一次是在合作方的平台侧，通过一个连接电话线的盒子，根据固定电话来电显示功能的信号，获取拨打紧急号码的用户号码，系统根据该结果发起定位，省略了手工输入的步骤；第二次是电信运营商侧，通过信令监测或者通信话单，对拨打紧急号码的手机号码进行判断或者复查，避免出现接口被滥用的情况。

图 4-15 展示了拨打紧急号码的定位业务流程。

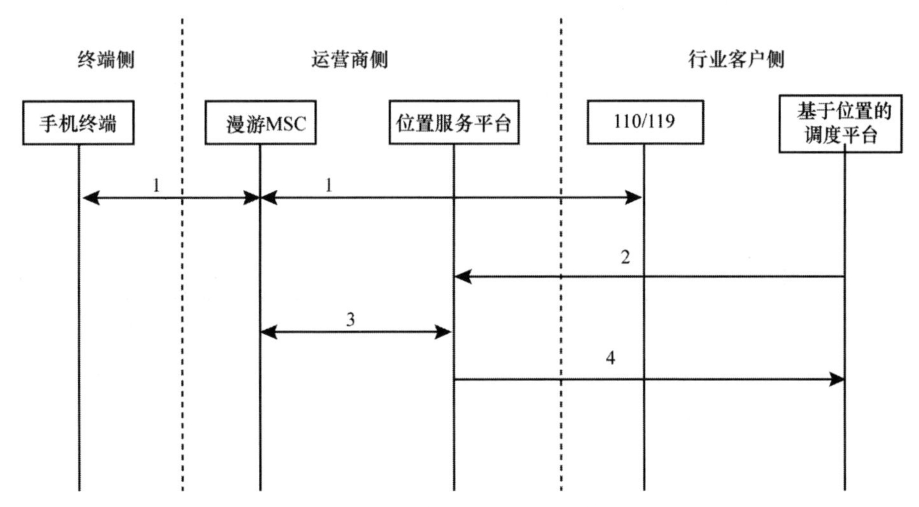


**图 4-15　拨打紧急号码定位业务流程**

流程说明：

（1）手机用户拨打 110/119，通过移动网络和固定电话网的接续，到达用户所在漫游地的公安局 / 消防局；

（2）根据电话的来电显示功能获得拨打紧急号码的用户号码，公安局 / 消

防局合作平台向电信运营商的位置服务平台发起定位请求；

（3）电信运营商针对用户信息的保密协议要求，对拨打紧急号码的用户号码进行鉴权（一般可通过信令监测系统获得该信息），鉴权通过后对该拨打用户进行定位；

（4）位置服务平台获得定位结果之后，返回给公安局 / 消防局合作方平台。合作方平台根据结果进行内部资源的派单。

## 10. 行业应用的定位能力接口联调需要注意哪些问题?

行业应用通过 L1/LE 接口调用电信运营商定位能力的开放接口，主要需要关注如下几个方面。

（1）定位应用与定位平台的网络和端口是否可达？有时候会因为平台出口防火墙的端口未开放而导致定位调用失败，在调测时候应充分测试并解决。

（2）SPID 和密码是否设置正确？假如设置的密码错误或者数据格式不对，定位平台一般会返回特定的错误码，据此可确定问题的原因。

（3）定位精度的要求是否正确设置？通常电信运营商会提供定位接口的数据模板，只需要修改其中的关键字段即可实现定位。其中，定位精度可能影响到定位平台选择的定位方法，调用的时候需要设置好。

（4）批量定位号码与最大每秒允许定位请求数的关系。当定位应用有大量的用户需要进行定位时，定位平台允许调用者在一次请求中同时包含多个用户。另一方面，定位平台针对不同的调用者签订了不同的服务级别，不同 SPID 签订的最大每秒定位允许请求数可能是不同的，如果超出了这个配额，定位平台将会直接返回出错。调用者应该关注并优化每次发起定位的用户数和每秒总发起的定位次数。

# ☞【公众应用篇】

## 1. 目前典型的定位公众应用有哪几大类?

目前公众应用提供商把位置要素与原有应用功能结合后，可给用户提供更加精准的服务和体验，应用种类繁杂，可分类如下。

（1）地图导航类：提供定位用户位置，显示所在地图、POI 搜索、路线规划、出行导航等功能，该类应用包括百度地图、百度导航、高德地图、高德导航、导航犬、腾讯地图、谷歌地图等。

（2）生活信息类：结合用户位置信息，给用户提供附近的促销信息，包括美食、电影票、酒店、KTV、休闲娱乐、生活服务、美容美发、旅游信息、景点门票等商品的团购或者商家促销信息，该类应用包括大众点评、拉手团购、美团等。

（3）打车类：结合用户的位置信息，显示用户所在的位置和地图，同时显示附近可调度的出租车信息，提供用户叫车、预约叫车等功能，该类应用包括滴滴打车、快的打车等。

（4）天气预报类：通过获取用户当前位置，提供当地的天气预报，该类应用包括墨迹天气、天气通、雅虎天气等。

（5）社交通信类：该类应用主要满足用户社交需求，提供即时消息、发送语音短信、视频、图片、表情和文字等功能，并结合用户位置，提供搜索周边的人，扩大交友范围的功能，包括 QQ、微信、易信、新浪微博、网易微博等。

（6）健康监控类：通过手机终端的GPS芯片、重力加速器等传感器，提供记录步数、跑步时段、时长、距离、速度、路线和消耗能量等功能，该类应用包括Nike +Running、扁鸿健康、耐克跑步器等。

## 2. 什么是导航业务？

导航就是引导某一设备，从指定航线的一点运动到另一点的方法。卫星导航技术最早应用于军事领域，用于飞行器、导弹、船舶等军用武器的路线规划和导航，目前导航业务主要应用于手机导航和汽车导航这两个主要的领域。

导航业务首先在汽车导航领域获得快速发展，主要包括车载GPS导航仪和手持式GPS导航仪这两大类应用产品。车载GPS导航仪包括两类，第一类为汽车厂商定制的集定位、导航、娱乐功能于一身的多功能导航仪，这类产品一般与高配制车型捆绑销售，价格较高；第二类为专车专用汽车DVD导航，专车专用导航与GPS导航仪的不同体现在3个专用：配一个专用面板，接一个专用线束，装一个专用支架，该类产品解决了前期定制车载GPS导航仪无法与整车完美匹配的问题，在2007年国内专车专用汽车DVD导航市场非常活跃。车载GPS导航仪主要面向中高端用户，费用相对较高，而手持式GPS导航仪凭借着低廉的价格、升级方便、安装容易等优点，成为中低端用户的首选。

随着3G移动通信网络的建设和内置GPS功能的手机芯片成为主流，手机导航业务在近几年获得了快速的发展，凭借着手机终端的通信能力，可实时获得更新的地图信息，已具备完全替代手持式GPS导航仪的功能和地位。

## 3. 手机导航和车载导航有何区别？

手机和汽车导航设备内置了 GPS 芯片，实现相同的导航功能，两者的区别主要包括如下几个方面。

（1）物理外观方面。汽车厂商自带的车载导航一般跟汽车的中控台紧密结合，与汽车供电系统紧密相连，可解决其他导航设备电源不足的问题，手持 GPS 导航仪跟普通 PDA 设备类似，通过固定架可平稳放置在汽车上使用。手机导航的硬件载体就是普通手机，跟手持 GPS 导航仪类似，需要固定架来使用。

（2）操作系统方面。早期的车载导航仪大部分采用了 WindowsCE 的操作系统，WindowsCE 以其强大的兼容性和软家开发的便利性一直在车载导航仪上占据着绝对的优势，随着 Android 操作系统的手机逐步普及，采用 Android 系统的车载导航仪也越来越多。手机上的操作系统则包括 Android、iOS、Windows Phone、Symbian、BREW 等，两者差别不大。

（3）应用功能方面。对于首次定位时间，车载导航设备采用纯 GPS 定位功能，冷启动时，定位时间可能在 1 分钟以上，而手机大部分采用 AGPS 或者混合定位能力，快速获得手机终端的位置，从打开数据开关到导航软件获得位置，一般在几秒内。对于地图信息的准确性方面，普通的车载 GPS 设备一般内置了离线地图包，由设备提供商定期（一般是每年）进行地图升级更新，手机导航可以采用与车载导航仪类似的离线地图包的方式，或者直接通过在线地图的方式，在导航过程中获取最新的地图信息。对于导航连续性方面，车载导航的功能定位明确，在汽车导航过程中使用方便，而手机导航在使用过程中，容易受手机的电话、短信和电池容量影响。

车载导航可以看成是没有网络功能的，外形经过定制的专用平板电脑，主要实现汽车导航、音乐播放等功能，定位明确，使用方便。部分高端汽车的导航设备甚至包括了移动通信的模块，可与外部进行通信。手机导航功能是智能手机诸多功能之一，携带方便，可提前进行路线规划，通过统一账户和云平台实现线路信息的共享等。

## 4. 地图导航类APP的工作原理是什么？

地图导航类 APP 的工作原理分析主要选择了市场占有率比较高的两款 Android 版本的 APP 百度地图、高德地图作为例子。

工作原理流程如图 4-16 所示。

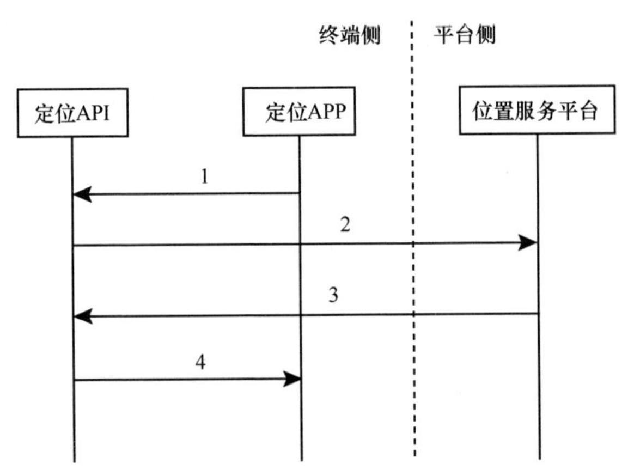


图 4-16 地图 APP 的工作流程

流程简单说明如下：

（1）地图 APP 在启动阶段或者接收了用户定位请求之后，调用地图位置服务能力开放的定位 API；

（2）定位能力 API 收集手机终端的信息（Wi-Fi 的 SSID、移动网络的基站 ID、GPS 信号等）向位置服务平台服务器侧发送请求，终端侧采用不同的硬件配置，收集的信息会有所不同；

（3）位置服务平台侧根据上报的信息进行定位，返回定位结果给地图应用APP。

通过 Wi-Fi 共享方式，对手机终端的百度地图 APP 使用过程进行抓包，使用网络封包分析软件 wireshark，使用 WinPCAP 作为接口，直接与网卡进行数据报文交换抓取网络封包，并尽可能显示出最为详细的网络封包资料。在 APP 与位置服务平台的通信过程中，可找到 APP 程序调用位置服务对外能力接口的通信内容，抓包如图 4-17 所示。

1）百度地图 APP 初次定位的抓包截图

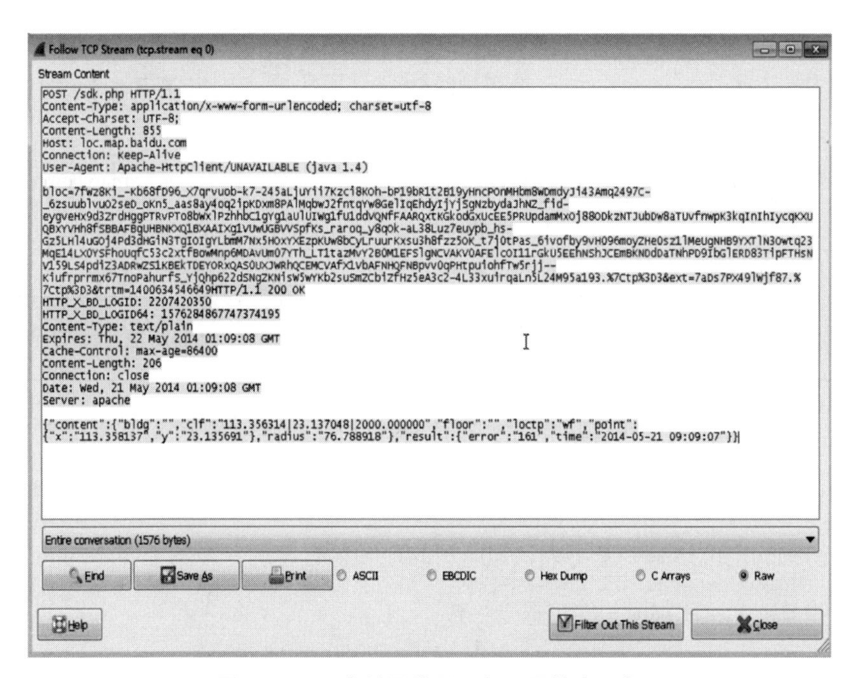


图 4-17　百度地图位置服务调用信令抓包

百度地图 APP 首次定位后的页面显示效果如图 4-17 所示。

2）高德地图 APP 初次定位的抓包截图

```
POST /ws/transfer/aps/locate/?dip=10880&div=ANDH060403&die=Unknown&did=Unknown&dic=C3221&c
Accept-Encoding: gzip
gzipped: 1
Content-Length: 332
Content-Type: application/octet-stream
Host: m5.amap.com
Connection: Keep-Alive

..........cdb.v.M,.../3.3..24640..wt...w......0...q2uvvt..6.p....d`..v....4..I.K)..L1.3.3t
s..wdb`:..b...Q.....  .......ZJ...eZ|Ijq..%^.......~.....w...8.w..p.H....l...&......k...S=.
.b4_)..I..:&C.e .{.L...@.55.M.B......w,d....h...A{ZY.....i."eF...HTTP/1.1 200 OK
Server: nginx
Date: Wed, 21 May 2014 03:05:54 GMT
Content-Type: text/xml;charset=GBK
Content-Length: 224
Connection: keep-alive
content-encoding: gzip
Vary: Accept-Encoding

..........5..j.0.._....8v....&-..b..nG..aH.6nF....M...tt@.{\z.CS..PK..R.......|n^..!....'.
.............<....6.....J...  .N.&./W..._....s..a...hx..&3eQn+P.D.`a2m.Me.].<..o.....T,..=v
```

图 4-18　高德地图位置服务调用信令抓包

从上述两者初次定位时的消息来看，可得到项目的对比情况如表 4-1 所示。

表 4-1　百度地图 APP 和高德地图 APP 的调用方式对比

| 对比项目 | 百度地图APP | 高德地图APP |
| --- | --- | --- |
| 承载协议 | HTTP 1.1 | HTTP 1.1 |
| 位置服务域名 | loc.map.baidu.com | m5.amap.com |
| 使用方法 | POST | POST |
| 返回结果格式 | Text格式 | gzip |
| 定位结果 | X（经度）为113.358137，y（纬度）为23.135691，误差为76.788918米 | gzip压缩，无法解读 |

结合上述截图对比分析可知，百度地图 APP 和高德地图 APP 在调用位置服务能力时，调用的服务开放平台和封装方法是有所区别的。从使用效果来看，两者得到的定位结果相差不大，但所用的地图稍有差别，地图上显示的 POI 信息有些差别，总体来说，使用感受一致。

## 5. 陀螺仪在地图导航APP中的作用是什么？

手机中内置的陀螺仪传感器，最大的作用就是测量角速度，以判别物体的运动状态，可以测量出手机的指向和加速度。

如图 4-19 所示就是在百度地图 APP 中，搜索目的地并使用步行方案给出的路线规划，其中图中的蓝色圆圈中的箭头方向就是用户水平手持手机所面向的方向。

图 4-19　陀螺仪传感器指引方向

通过陀螺仪的方向指引，用户可以根据百度地图中的路线指引以及方向提示，准确无误地到达目的地。

## 6. 街景地图的实现原理是什么?

街景地图是一种实景地图服务，通过街景车拍摄街道两旁 360 度的照片，然后将这些照片经过处理上传至网站，供访问者浏览。为用户提供城市、街道或其他环境的360度全景图像。用户可以通过该服务获得身临其境的地图浏览体验，只要坐在电脑前就可以真实地看到街道上的高清景象。这与2D平面地图形成了强烈的对比，使原本无聊的地图更加生动，更有可读性和娱乐性。

街景地图是在传统2D导航地图的基础上，结合大量高清照片，可解决用户在搜索阶段对目的地环境缺少了解的问题。街景地图的核心技术包括了具有位置信息的高清图片采集、处理、存储和展示技术，包括四大关键技术。

（1）数据采集：包括硬件系统、软件系统、工艺技术、质量体系。数据采集包括汽车采集和人工采集两类，涉及数据采集车和采集设备的关键技术，采集图片所要求的天气情况、交通路况等质量影响因素。

举例说明，街景采集车的后轮有记录设备，轮子每转3～5圈相机拍摄一次，同时记录下当时的GPS位置。每次拍摄顶部的6部相机会生成6张照片，除去重叠的部分，就形成了一张完美的球形照片。街景实际是由道路上密集排列的拍摄点组成的，每个点上都是一张球形照片。

（2）数据处理：数据存储、集群计算、海量数据批处理、路网计算、图像批处理、隐私技术、图像压缩。

（3）线上服务：空间匹配、图像服务、3D引擎、在线计算。

（4）产品应用：PC端应用、手机端应用、API接口调用、用户生成内容（UGC，User Generated Content）。

目前街景地图产品主要有腾讯地图、city8（城市吧）、百度地图、高德地图和我秀中国，国外公司有google街景和诺基亚地图。

## 7. 【社交通信类】微信APP“摇一摇”的实现原理是什么?

微信 APP 提供的“摇一摇”功能，可以匹配到同一时段触发该功能的微信用户，从而增加用户间的互动和微信粘度。实现原理大概是用户打开微信 APP，进入“摇一摇”的界面，摇一摇手机，手机客户端会调用位置服务开放能力实现自我定位，获取当前位置并发送给服务器，服务器搜索某个时间段内进行了“摇一摇”操作的用户，向请求用户返回距离最近的用户信息。

通过 Wi-Fi 共享方式，对微信 APP 使用“摇一摇”功能的过程进行抓包，过滤出其中的定位请求会话数据包，如图 4-20 所示。

```
POST /sdk.php HTTP/1.1
Content-Length: 698
Content-Type: application/x-www-form-urlencoded
Host: loc.map.baidu.com
Connection: Keep-Alive
User-Agent: Apache-HttpClient/UNAVAILABLE (java 1.4)

bloc=u6i4o_q_-aav-vDz7vf0-0Xl80qguu2zsvbkvt6o7K6K1sndleb014Pa1tOE1dXXwsWVy8iIm8bvzdu03YfAkO-986Kl7eq64vK-sen6-_zrrP6iqvW-vae
HTTP_X_BD_LOGID: 1090407803
HTTP_X_BD_LOGID64: 11623399168688670406
Content-Type: text/plain
Expires: Thu, 22 May 2014 01:00:56 GMT
Cache-Control: max-age=86400
Content-Length: 152
Connection: close
Date: Wed, 21 May 2014 01:00:56 GMT
Server: apache

{"content":{"bldg":"","floor":"","point":{"x":"113.352669","y":"23.137859"},"radius":"76.902333"},"result":{"error":"161","t
```

图 4-20 “摇一摇”定位请求信令抓包

从图 4-20 可知，微信 APP 使用“摇一摇”功能的时候，与百度地图 APP 一样，调用百度的位置服务对外开放接口进行自我定位。

## 8. 【天气预报】墨迹天气APP如何根据用户位置进行精准推送?

墨迹天气 APP 是一款结合位置信息提供精准天气预报的应用。它在程序启动时，会自动调用百度位置服务能力开放 API，获得手机终端当前的位置，据此提供准确的天气预报信息。除此之外，用户还可以手动输入感兴趣的城市名称，APP 会显示该地点的天气情况等内容。

采用本章中上述问题相同的分析方法，对墨迹天气 APP 在初次启动时的定位过程进行分析，调用位置服务开放接口的抓包截图如图 4-21 所示。

Follow TCP Stream (tcp.stream eq 6)

Stream Content


```
POST /sdk.php HTTP/1.1
Content-Type: application/x-www-form-urlencoded; charset=utf-8
Accept-Charset: UTF-8;
Content-Length: 684
Host: loc.map.baidu.com
Connection: Keep-Alive
User-Agent: Apache-HttpClient/UNAVAILABLE (java 1.4)

bloc=6qC5oKHtqfL-96L2uvCmqrnu8ryiveTgtfm-64nw667b3sjejrSeg9LXhNTV2IGFmMSfns6PkpXSwoHbit_GmKrt_eC3rf24vuC3tb
Kz7oD9oPr6-_Kkq_3j__-j9qfznJbKxMPJkcaUmIjHnpTCxo7V3dmO3YOC34-
Gm4bThNAuf3gkIXx5e3h6J306dCF3PTBtP2Y7YWk2ZGQ0bx83o11bwlkEDlkLUlMPX1FaE0VNKUAQTw8GH3kMCRpGBQFFU2t6YDM_OmwwOm
AXNTNnanMwPSl1dCU3djl8I3IxKyJAQggeTURYQ0RAHhYUBxYHVg4qwXhbAXxfDg5UAlcD3fwPiqn08fKo94Kj8oaArb3Oqc3P6c-
SlLPo7LDnsOf9y4CNh7Cro5yr2YDYwZDR3sORkpvMjJ-Fmr3Nl9HTgeG5o730sa7ov7-
z56f38Lup99iAgNad9fez9PmyraP4kYPAwJDKhsablcWUlc_HhpG4BV5knP..%7Ctp%
3D3&ext=6Kyk8fq6lIaA_fCajdD87cXFgJjp6YaV5fOA8qalvezXo9fa29wp3d2C89fS9o7xnpLOyJLPzcqSlszimczFsLTBzra6urbOtu_
hubyW7O_4_aOsjKXa0fyDpP2j-f6_w8jHxYfCxtrClILFw4V28-Ekgf..%7Ctp%3D3HTTP/1.1 200 OK
HTTP_X_BD_LOGID: 1926347122
HTTP_X_BD_LOGID64: 7391092295419O9043
Content-Type: text/plain
Expires: Wed, 11 Jun 2014 10:05:31 GMT
Cache-Control: max-age=86400
Content-Length: 252
Connection: Keep-Alive
Date: Tue, 10 Jun 2014 10:05:31 GMT
Server: apache

{"content":{"addr":".........,..........,........,.........,27...,257","bldg":"","clf":"113.358810|
23.134469|2000.000000","floor":"","point":
{"x":"113.358047","y":"23.135501"},"radius":"79.512531"},"result":{"error":"161","time":"2014-06-10
18:05:31"}}
```


图 4-21　墨迹天气定位请求信令抓包

调用百度位置服务开放平台定位接口的内容与上述章节的关键字段内容一致，这里不再详细解释。

## 9. 【餐饮类】大众点评APP如何根据用户位置进行精准营销?

大众点评是中国领先的本地生活信息及交易平台，也是全球最早建立的独立第三方消费点评网站。大众点评不仅为用户提供商户信息、消费点评及消费优惠等信息服务，同时也提供团购、电子会员卡及餐厅预订等 O2O（Online To Offline）交易服务，大众点评 APP 已经成为移动互联网时代用户的必备应用。

大众点评 APP 除了可以根据用户提供的餐厅信息返回点评内容、地理位置等信息之外，还可以根据用户当前的位置，提供该位置附近的促销信息。根据上述分析方法可得到大众点评 APP 调用位置服务 API 的消息如图 4-22 所示。

Stream Content


```
POST /sdk.php HTTP/1.1
Content-Length: 746
Content-Type: application/x-www-form-urlencoded
Host: loc.map.baidu.com
Connection: Keep-Alive
User-Agent: Apache-HttpClient/UNAVAILABLE (java 1.4)

bloc=7vLoo6rs-
KD88aHwu6ag_e7kpez27b_v4aL16oX16_jZmtzStp6G3dXVh9bUhYXSycXMxYyaw4vM2NrazpPPwfTp6euy9qfwtbDu
s_vm4Len4oXhtqj3pLezoPv5pawhmsXNyJ-ezMmakcwb25bLkIuI3N7Zjd-
Lg9_R04GahI19ent8fi8ofiAmLHd_LG8nZGlsbDppNzs1MDE9YjdtKVoEClgNCAwJU1BRWFwPAl4AHUFIHU1KHEIUFX
JIHU5BMyA9Zjw_ajwxPTM5ZjVoPSgnZS9yLCl7c3MjdC8jdS4QSEQCGxJOSkVHQEUVFUsVBwQMBhZbVwoEVVZWAgJT_
q-kpq7ztaj79aDypfHxoLy87-Pis-Hy4oC1s-
PptrWL3NqMgtHZgZ_S3oOBgtaFn8_Hm8KQw57LjJwflJ3Blb3s7e3tuLLjs7v65L-
zsrb4qvqq_vqi9amh_Lugo_Cgnsyczc2YkMyYmZfNgdGSrdSAjp7NjeWdxI3XwZbdutI-
dC4qKXh_KXF2fyJ_fi0OKTkOZWglYygzP2hiPCxiJFJdGV1MVVsMUFNTA1dQdnFNPk5KSB9CG0BBEWMVPxUyOE1nHB8
4dWolbWRrVEUcf1MkKiE8OX89eXR6dnA9KmQXaE5JX1tfRxcOFFgVABCcBw4NHkoZVQoNXgtJUAlRoew8rbeo5fmh9v
mk_qvr9-yyuqvxtumrr7285eH0seuGlw-kvdm8%7Ctp%3D3HTTP/1.1 200 OK
HTTP_X_BD_LOGID: 2382574547
HTTP_X_BD_LOGID64: 18123964858989251980
Content-Type: text/plain
Expires: Thu, 22 May 2014 00:38:15 GMT
Cache-Control: max-age=86400
Content-Length: 152
Connection: close
Date: Wed, 21 May 2014 00:38:15 GMT
Server: apache

{"content":{"bldg":"","floor":"","point":
{"x":"113.352608","y":"23.137877"},"radius":"69.325822"},"result":
{"error":"161","time":"2014-05-21 08:38:15"}}
```


图 4-22　大众点评定位请求信令抓包

大众点评 APP 调用百度服务开放能力接口获得用户所在位置，并据此反馈最新的促销信息，以及相关促销店铺与用户的大概距离，如图 4-23 所示。

图 4-23　大众点评基于用户位置提供促销信息

## 10. 【健康监控类】跑步类APP（NIKE+Running）的工作原理是什么?

NIKE + Running 跑步应用可以管理用户的跑步路线和跑步记录，同时在跑步过程通过音频获取跑步的相关信息。整个应用需要外部三个硬件才能实现跑步记录的功能。

（1）NIKE 跑鞋。标记有 NIKE+ 标记的 NIKE 跑鞋，在左脚鞋垫下面有一个凹槽用于放置 NIKE+ 的感应器。

（2）NIKE+ 感应器。主要是实现计步器的功能，内置有电池，通过蓝牙信号与手机或者音乐播放器进行通信，传递计步信息。

（3）手机或者音乐播放器，安装 NIKE + Running 应用支持 Android、iOS 和 Windows Phone 等主流移动操作系统的移动终端设备，并且可接收 NIKE+ 感应器的蓝牙信号，自带 GPS 芯片，实现跑步路线的记录，主要实现 NIKE + Running 的相关功能。

跑鞋用于承载感应器，感应器实现计步器的功能，其他的功能全部由安装在移动终端上的 NIKE + Running 应用实现。NIKE + 应用可以实现的功能包括以下几个方面。

1）GPS 导航。由于移动终端的 GPS 芯片，可得到用户跑步路线。

2）速度跟踪器。通过步长、步数和时间，可以计算得到距离和速度。

3）计时器。移动终端的计时功能。

4）卡路里计算。根据运动时间和距离可得到能量消耗情况。

5）计步器调整步长。通过一定距离的测算步数，可以调整不同用户的步长数据。

6）音乐播放器。移动终端设备的功能。

7）社交。移动终端通过 Wi-Fi 或者 3G 网络，接入 nikeplus.com 跑步俱乐部网站，记录和浏览用户的跑步记录。

## 11. 【打车类】滴滴打车APP如何实现出租车调度?

滴滴打车是一款免费打车软件，与“快的打车”APP 成为当下最热门的手机“打车应用”。用户启动滴滴打车 APP，点击“现在用车”，按住按钮说话，发送一段语音说明现在所在的具体位置和要去的地方，松开叫车按钮，叫车信息会以该乘客为原点，在 90s 内自动推送给直径 3 公里以内的出租车司机，司机可以在滴滴打车（司机端）一键抢应，并和乘客保持联系。在乘客到达目的地下车需要支付车费时，即可使用滴滴打车的合作伙伴微信支付和 QQ 钱包进行线上支付，完成了从打车到支付的闭环服务。

滴滴打车实现出租车调度的原理流程如图 4-24 所示。

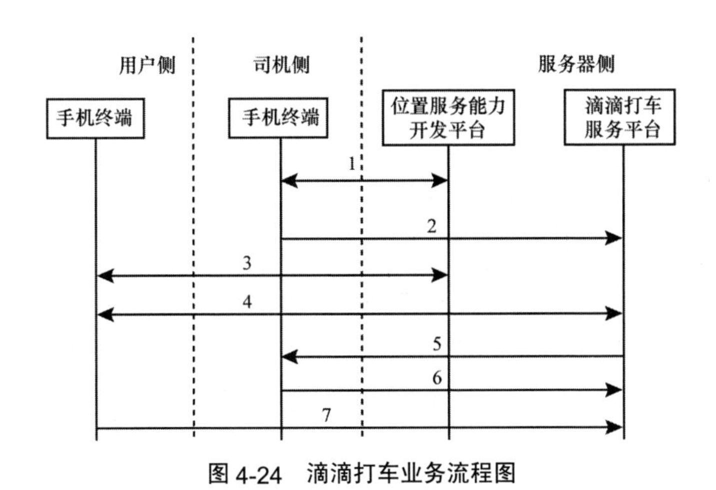


图 4-24　滴滴打车业务流程图

流程说明：

（1）滴滴打车（司机端）周期性调用位置服务能力开放接口，获得当前位置；

（2）滴滴打车（司机端）把最新的位置信息返回给滴滴打车服务平台，更新司机的当前位置；

（3）当用户打开滴滴打车（用户端）时，调用位置服务能力开放接口，获

得用户当前位置；

（4）滴滴打车（用户端）把最新的位置发给后端服务平台，服务平台把附近的出租车信息返回给用户手机，显示在用户端的地图上；

（5）服务平台侧将该叫车请求在90s内自动推送给直径3公里以内的出租车司机；

（6）司机可通过APP客户端抢单，锁定该请求状态；

（7）服务平台把抢单司机信息返回给用户。司机与用户联系，确定具体的服务地点和时间。

后续的支付流程不做详述。

滴滴打车APP需要周期性地向位置服务能力开放平台获取位置信息，并更新周边司机的信息，登录后的页面如图4-25所示。

图4-25　滴滴打车应用界面

## 12. 【电信运营商】儿童、老人关爱类产品如何实现？

E 家关爱业务的系统架构如图 4-26 所示。

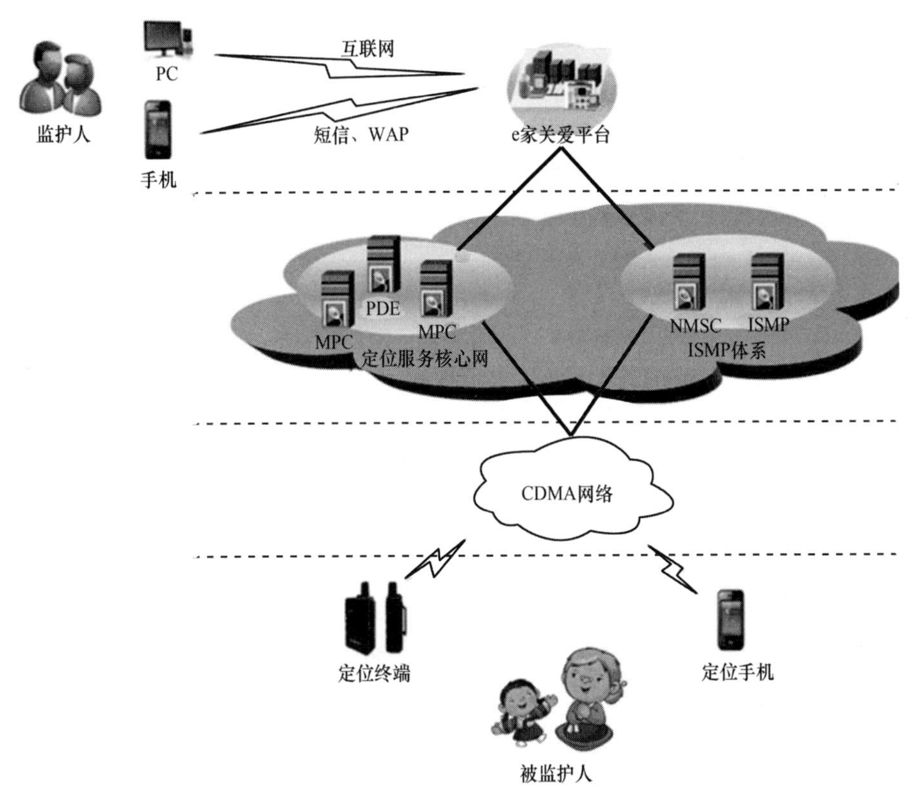


图 4-26　E 家关爱业务实现系统架构图

监护人可通过手机终端或者 PC 访问 E 家关爱的门户，对被监护人发起定位，获取位置信息或者活动轨迹，设置指定区域进出提醒等功能。E 家关爱平台通过定位平台对被监护人的定位终端或者手机，进行周期性定位，并记录相关结果，反馈给监护人。

关爱类产品主要针对老人和儿童，一般儿童家长或老人子女为定位发起者，老人和儿童为被定位者。关爱类产品主要具备如下五大特点。

（1）定位实时：家长实时掌握家人的位置信息，更放心。

（2）定位效率高：采用 gpsOne/ 粗定位双定位引擎，使定位更灵活可靠。

（3）跨域定位：定位覆盖范围大，可漫游。除港澳台外，全国均可使用。

（4）位置查询多种方式：家长可以通过 WEB/WAP、短信方式查询获取家人的位置信息。

（5）设置灵活：家长可以灵活设置多个家人的定位时间段和信息提醒规则。

关爱类产品主要具备如下几大业务功能。

（1）位置查询：通过发送短信或访问“关爱 e 家”网站，可获得家人当前位置信息。

（2）指定区域进出提醒：您的家人在预设时间内出入预设区域，您的手机将会收到提醒短信。

（3）活动路径：通过“关爱 e 家”网站，您可查询家人在预设时间内的活动路径记录。

（4）定时提醒：在您所预设的时间内，每 30/60 分钟您的手机将会收到家人位置的提示短信。

# 【运营维护篇】

## 1. 定位业务有哪些关键指标?

衡量定位业务质量主要有三个关键指标。

(1)定位成功率

计算方法:定位成功率 = 定位成功次数 / 定位请求次数。

(2)定位精度(误差)

计算方法:定位精度 = 定位结果与真值点位置之间的距离。

(3)定位时延

计算方法:定位时延 = 得到定位结果的时间 − 发起定位请求的时间。

一般来说,如果要评估某一次定位事件的精度,可以用定位结果点与真实位置点之间的位移来衡量定位误差,如果要衡量定位系统在某区域的定位精度情况,通常采用“圆概率误差”来表示。圆概率误差一般采用 CEP68 和 CEP95 两种表示方法,CEP68=100 米表示 68% 的定位事件的误差不超过 100 米,CEP95=200 米表示 95% 的定位事件的误差不超过 200 米。

## 2. 定位指标的评测方法包括哪些?

这三个关键指标的评估方法有两种，分别为根据定位平台日志统计获得以及通过第三方评测获得。

定位平台针对每次定位请求会生成定位日志，关键字段包括定位请求接收时间、定位结果返回时间、定位号码、定位算法类型、定位结果、算法误差等。对于定位成功率和定位时延这两个指标，其统计结果可从定位记录中统计得到；对于定位误差，由于定位平台侧无法得到用户真实所在的位置，即真值点，平台侧统计得到的定位误差只能是算法误差，并不能真实反馈用户感受的定位误差指标。

算法误差是定位算法根据输入条件和算法原理提供的误差，以基站定位算法为例，只要手机终端进入该扇区的覆盖范围，以其作为服务扇区，满足基站定位算法的要求，基站定位算法将基站扇区中心点作为定位结果，用户可能在基站覆盖范围内的任一位置，算法误差就是基站覆盖范围的半径，如果基站覆盖范围没有超过设置的半径范围，则真实误差应小于算法误差。如图 5-1 所示，图中星星是扇区中心点，算法误差就是圆圈的半径。

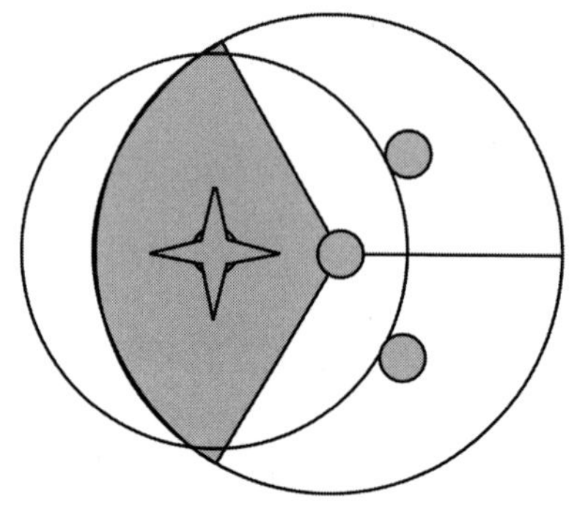

图 5-1　基站定位算法误差

通过第三方测试评估是指通过第三方测评公司，使用测试手机、测试软件和外接 GPS 设备，对测试结果与真值点进行对比分析，可得到不同环境下（室外、浅度室内、深度室内）的定位成功率、定位误差和定位时延指标，可真实地反映出用户在该场景下的使用感受。影响测试结果有效性的因素主要包括测试地点的选取以及测试数量，需要抽样选取业务量高发的区域作为测试的地点，测试地点和测试数量的增多将会使得测试成本越高，因此必须在测试前做好规划。

## 3. 影响定位精度的因素有哪些?

影响定位精度的因素主要包括如下：

（1）定位算法的选择

不同的定位方法测量的信号源不同，计算的方法和原理也不同。譬如基站定位的定位精度在几十米到几千米，甚至几十千米，Wi-Fi定位的定位精度在几米到100米左右，GPS卫星定位的定位精度在几米到几十米左右。同样都是基站定位，多扇区定位的定位精度比单扇区的定位精度要高，如果增加了信号强度或者角度、时间等变量的计算，定位精度会有所改善。

（2）无线传播环境的影响

定位技术是针对电磁波传播理论衍生出来的众多技术之一，GPS卫星、移动通信基站、Wi-Fi都是属于无线电波的范畴，只是传输的频率不同，上层协议不同而已，无线电波的传递必然要受媒质和媒质交界面的作用，产生反射、散射、折射、绕射和吸收等现象，并且由于无线传播环境的复杂性，产生多径效应、多普勒效应。定位技术涉及传输时间和信号强度的测量，必须把无线网络引起的因素考虑到计算模型中，尽量减少无线环境的多样性对定位结果的影响，但计算模型毕竟无法把所有环境和因素都考虑在内，在某些条件下，单次GPS定位的误差也可能超过几百米，需要多次递归运算后才能达到准确的结果。

（3）网络覆盖的影响

基站定位技术的算法精度主要受基站最大覆盖范围（Max Array Range）

影响。如用户在密集城区时被网络侧发起基站定位，获得的定位结果精度要比用户在偏远山区使用同样的基站定位方法时要高。基站在密集城区的覆盖范围一般在几百米到几公里，在偏远山区的覆盖范围则在几公里到十几公里之间。基站在偏远山区的覆盖主要是为了解决信号覆盖的问题，即满足用户到哪里都能有信号打电话的需求，一般基站都是架设在比较高的地方，如山坡上；而在密集城区的基站覆盖主要解决话务吸收的问题，因为每个基站可提供的业务信道数量有限，城区用户密集，基站的覆盖范围以满足该区域用户使用移动业务的话务需求为要求进行设置。在网络初期城区的基站覆盖范围会比较大，当移动用户数越来越多，话务超出基站可承受的容量时，通过调整天线的角度，将基站的覆盖范围减少，同时增加新的基站进行话务吸收。

（4）移动终端的制造工艺

移动终端的制造工艺也会对测试精度造成影响。根据终端测试厂家的结果显示，不同终端在相同无线网络环境下，使用同样的测试方法，测试相同的样例，得到的结果仍然会有差别，这主要是归结于各个终端厂商在设计和制造手机过程中的一些技术细节不同而造成。这些因素主要影响基于用户面的 GPS 定位技术，基于网络侧的基站定位技术几乎没有影响。

## 4. 定位业务质量的提升主要涉及哪些方面？

从客户体验角度来说，定位业务质量好坏主要体现在定位是不是每次都能成功、定位位置准不准、定位速度快不快。反映到定位业务质量管理上就是定位成功率、定位精度和定位时延三个关键指标。定位业务质量的提高离不开定位平台能力的保证、定位基础数据的完整性和准确性以及定位终端对定位技术的支持这三个环节。

定位平台的性能影响到定位成功率和定位时延。定位平台必须保障定位引擎的接口带宽、CPU 处理能力以及应用软件许可等，此外通过定位平台设备的负荷均衡和性能冗余增强抗风险能力。

定位基础数据是定位计算的重要依据，定位基础数据的准确性和完整性直接影响到定位精度和定位成功率。各种定位技术所运用的基础数据各不相同，如基站定位中的 BSA 基站数据，Wi-Fi 定位中的 AP 数据、指纹数据，IP 地址数据等等。必须持续维护不断更新定位基础数据，保证基础数据的准确性和完整性。定位数据的维护主要包括两个方面，一方面是数据的准确性，比如基站数据中的基站经纬度，Wi-Fi 定位中的 SSID 和 MAC 地址的位置信息；另一方面是数据完整性，比如针对新增、拆除基站站点等网络调整，山寨型 AP 和移动性 AP 的混淆，必须及时在数据库中更新或删除。

终端既可能是定位的发起方也可能是被定位的对象，因此是定位业务流程中的关键一环，终端芯片对定位技术的支持、终端操作系统开放上层应用与底层硬件的接口、终端 SDK 收集到的定位参数以及与定位平台的交互、终端 APP 对定位结果的展现等都会影响到定位成功率、定位精度和定位时延。此外终端还需具备数据上网及短信收发等基础能力。因此从保障定位业务质量的角度来讲，建议终端硬件包含支持相关定位技术的芯片，终端定位能力必须进过严格的入网测试，安装的 SDK 及 APP 必须经过应用测试和试用。

对于控制面定位技术，由于终端没有参与到定位流程中，因此定位质量主要与定位平台能力以及定位基础数据的准确性有关。

定位业务质量的优化是一个持续的过程，通过用户投诉的处理，定期进行业务测试和指标分析来发现问题、解决问题是提升定位业务质量的有效手段。

用户投诉实际上是用户帮助运营商发现了业务问题，必须及时处理，根据用户反映的投诉号码、投诉时间、投诉地点，迅速展开针对性的调查解决平台、基础数据库以及终端等问题，促进定位质量优化。

通过进行定点 CQT 测试或者道路 DT 测试，掌握一定地区范围内的定位业务成功率情况、定位误差情况和定位时延情况，针对测试中发现的问题及时分析原因，做好网络和数据的调整优化。

定位日志是定位平台对每一次定位计算的详细记录，是排查定位故障的重要依据。比如对于 gpsOne 定位来说，PDE 设备的定位日志记录了每次定位的定位方式、定位参与的基站或卫星、基站查找的成功和失败情况、定位误差估计等等信息。通过对这些信息的分析能够发现存在的问题。

## 5. 定位业务的排障主要涉及哪些环节？

定位业务的故障排查思路应紧扣业务流程的各个环节。根据故障现象的不同，有些故障现象可以直接定位到某个环节，有些故障现象可能需要逐个环节的排查。故障环节主要可分为用户侧故障、网络侧故障、平台侧故障和配套侧故障四大类。

用户侧故障排查主要体现在 3 个方面。首先终端是否支持定位方式。需注意的是有些定位方式终端必须有相应的硬件芯片的支持。如果采用 gpsOne 定位，终端必须有 gpsOne 定位芯片的支持。第二是终端的设置是否符合定位的要求。如终端是否开启位置服务，是否开启移动数据网络，数据网络接入点设置是否正确。第三是终端当前状态是否符合定位条件。比如终端是否欠费停机，终端没有开通短信或移动上网业务，被定位终端是否占线、临时不能上网等等。

网络侧的故障排查主要检查数据通道是否畅通，定位平台与核心网设备的信令交互是否正常，往往需要通过模拟拨测，结合信令跟踪等方式来排查。

平台侧的故障排查可以考虑几个方面：第一是用户定位是否被授权，包括是否开户、是否允许被某第三方 SP 定位。第二是故障定位区域的定位基础数据是否准确，是否有缺失导致故障的发生。第三是定位引擎的性能是否满足业务量需要，平台内部流程是否有问题。

配套侧主要是考虑地图、POI、GIS 信息的准确性，比如地图经纬度是否有偏差，POI 信息是否有错误等。

下面将着重介绍 gpsOne 定位基础信息库的维护和排障，基站定位基础信息库的维护和排障参照 gpsOne 的相关内容，Wi-Fi 定位基础信息库的维护可参照混合定位子篇中问题 19 的描述。

## 6. gpsOne定位需要维护哪些基础数据？

在 gpsOne 定位中，与定位计算强相关的基础数据主要是 BSA 基站数据，但从整个定位业务流程来看，还包括用户开户数据、黑白名单、用户 IMSI/MDN 对应关系、用户状态数据等。下面主要介绍 BSA 基站数据。

BSA 基站数据包含了基站标识、位置、方向、覆盖范围、误差修正等各种属性数据，这些数据参与定位计算的每一个环节，BSA 数据的准确性和完整性直接影响到基站定位的成功率和定位误差，是日常维护的重点。

BSA 数据的基本要求是每个扇区标识信息在 BSA 数据库中必须是唯一的，现网中的每一个扇区 / 频率必须存在且不能有重复，不能包括现网中已经不存在的扇区 / 频率记录。所有 BSA 记录的各项参数都必须完整。基站增加或改变时，必须及时更新 BSA 以保证数据的准确性。

## 7. BSA数据库包括哪些关键字段，有何作用？

BSA（Base Station Almamac）是一个包含基站扇区信息的数据库，包含了扇区的标识、位置、方向、覆盖范围、误差修正等各种属性数据。BSA 数据是 gpsOne 定位依赖的重要基础数据，主要作用有：

（1）提供初始位置估算，作为 gpsOne 计算的“种子”，确定所看到的导频发自哪一个扇区；

（2）提供基站的近似高度，可减少一个定位所需测量值；

（3）提供服务区域内的基站位置信息，PDM 可以利用基站测量信息进行定位；

（4）提供前向链路校准信息，提高 AFLT 定位精度；

（5）标识直放站的存在。

BSA 数据库包含了 25 个字段信息，如表 5-1 所示。

**表 5-1　BSA 数据库字段说明**

| 列号 | 字段名 | 列号 | 字段名 | 列号 | 字段名 |
|---|---|---|---|---|---|
| A | 导频扇区名 | J | 扇区中心纬度 | S | RTD校准精度 |
| B | SID | K | 扇区中心经度 | T | FWD链路校准 |
| C | NID | L | 扇区中心高度 | U | FWD链路校准精度 |
| D | 扩展基站ID | M | 天线方向 | V | 直放站信息 |
| E | 发射PN码 | N | 天线张角 | W | PN增量 |
| F | 天线纬度 | O | 天线最大覆盖范围 | X | 格式类型 |
| G | 天线经度 | P | 地形平均高度 | Y | MSC Switch Number |
| H | 天线高度 | Q | 地形高度标准偏差 | Z | Reserved |
| I | 天线位置精度 | R | RTD校准 | | |

表 5-2 对 BSA 数据库中的几个关键字段进行了说明。

表 5-2　BSA 数据库关键字段及作用

| BSA数据 | 对定位的意义 |
|---|---|
| 标识信息（SID/NID/ExBSID/PN） | 标识信息对于所有的定位都是非常重要的，是查询其他信息的关键，必须完整、准确且不能重复 |
| 天线地理位置（Ant./Lat/Lon/Hgt） | 确定参考扇区和测量扇区；提供初始位置估计 |
| 扇区中心（Lat./Lon./Hgt） | 当GPS与AFLT失败时，作为定位结果返回 |
| 天线指向 | 确定GPS搜索范围；计算扇区中心及扇区覆盖区域 |
| 地形平均高度 | 将地球表面作为一个测量值。对GPS定位来说，只需看到3颗卫星即可定位，提高定位成功率 |
| 直放站信息 | 对GPS定位来说，存在直放站可能使PDE对终端初始位置的估计发生错误，从而导致成功率下降<br>存在直放站时，天线位置 /MAR/ 天线指向 / 天线张角要包含所有该扇区的覆盖区域 |
| 天线张角 | 确定GPS搜索范围，计算扇区中心及扇区覆盖区域 |
| 最大天线范围（MAR） | 确定GPS辅助搜索范围，计算扇区中心及扇区覆盖区域 |

## 8. 网络调整对gpsOne定位基础数据库维护有何影响?

网络调整意味着定位基础数据的变动，这些数据如果不及时修正直接影响到定位准确性。

无线网络调整包括新增基站、拆除基站、PN 码规划调整、基站分裂等等。

常见 BSA 维护场景有以下几种。

（1）增加基站：基站投入使用前在 BSA 中加入新记录，否则会产生 Serving

look-up 和 measurement look-up 失败。调整相邻扇区覆盖范围参数。

（2）基站退服：删除该扇区记录，调整相邻扇区覆盖范围参数。

（3）基站搬迁（改变归属）：搬迁前在 BSA 中加入新记录，否则会产生 Serving look-up 和 measurement look-up 失败。调整相邻扇区覆盖范围参数。实施搬迁后在 BSA 中尽快删除旧记录。

（4）PN 规划调整：影响 measurement look-up。

（5）基站参数变化（ID 不变）：在 BSA 中增加变化的参数（使用相同的 ID），微小影响 measurement look-up。

（6）部署 / 增加直放站：需要调整以下参数。

Repeater flag，基站与直放站距离 <300m 且为室内覆盖，无需设置 repeater flag。

扇区覆盖信息，天线位置、MAR、扇区中心位置。

校准信息，FLC 及 FLCA。

## 9. 如何衡量基站数据库的维护质量？

BSA 数据库的完整与准确是 gpsOne 定位业务质量的最基本保证。高质量的 BSA 从如下几个方面来体现。

（1）Serving BS 查找成功率 >99%；

（2）PN 查找成功率 >90%；

（3）定位误差（CEP68）<200 米，客户对定位精度的投诉较少。

## 10. gpsOne基站数据库维护中常见的问题有哪些？

（1）基站缺失

基站缺失的原因一般是由于基站没有录入 BSA 数据库或者网络调整（如新

增基站）后没有及时更新，基站缺失直接导致 BS Lookup 失败，只能进行 BS region 或者 GPS 的定位，无法进行 AFLT、MCS、CS 的定位方法。

（2）MAR 值过大过小

MAR 的大小直接决定了扇区中心点的位置（MAR 值的 30% 处即为扇区中心点），若 MAR 设置不合理，会导致 MCS、CS 定位算法结果误差过大。MAR 设置过小，易导致 PN 丢失，减少可用于定位计算的 PN 数量；MAR 设置过大，易导致 PN 混淆，减少可用于定位计算的 PN 数量。

（3）PNinc 填写

在 PNinc 混用场景，由于 PDE 只利用服务小区的 PNinc 来计算各 PN；使用不同 PNinc，且不能被服务小区 PNinc 整除的 PN 被误判，最终产生 PN lookup 定位失败。PNinc 混用区域，采用 BSA 资料中设置 PNinc 为混用 PNinc 的最大公约数，以规避 PN 误判隐性问题。

（4）直放站标识

需注意带直放站但不用标直放站标识的场景，如直放站位于极少定位业务区域、位于地下室等信号少，本身就不会进行三角定位的区域、直放站已作为伪基站录入、直放站位于施主基站覆盖区域。

（5）同 PN 小区场景

同 PN 小区类似直放站处理，以参考扇区作为宏站，以同 PN RRU 作为直放站。如果几个同 PN 扇区覆盖对象相同，如小区里面多个滴灌点同 PN，可以手动填写天线中心为几个同 PN 扇区覆盖区域的几何中心（或按照定位发生权重选择中心），手动填写天线张角（如 360 度）和方位角（如 0 度）。

## 11. gpsOne基站数据库优化有哪些常用工具？

定位日志是定位平台对每次定位计算的详细记录，包含定位方式、定位参与的基站、基站查找的成功和失败情况、定位误差估计等信息，是分析定位问题的重要依据。原始的定位日志是平台内部记录文件，不易阅读和分析，需要分析工具对其进行解析，常用的分析工具有 SnapTrack 公司的 tracefilter 和 SnapCell 工具软件。

（1）Tracefilter 的主要功能如下。

1）将二进制日志文件（bin）翻译为 fix 文本文件，方便查看定位结果（经纬度、算法、HEPE 值），服务小区查找结果，PN 查找失败结果等信息。

2）根据日志文件统计出各种定位算法的占比，间接评估该地区定位误差水平。

（2）SnapCell 的主要功能如下。

1）统计 BS 查找成功率及 PN 查找成功率，并生成 issue 文件，issue 文件详细列举了 BS 查找失败及 PN 查找失败的细节，可供 BSA 优化人员参考。

2）五项参数自动推导（扇区中心经纬度，高度，地形平均高度，地形高度偏差），通常情况下当小区的位置、朝向、张角发生变化后，应重新使用 5 项参数推导计算新的扇区中心等参数。

3）MBD（根据基站密度自动计算 MAR 值），SNAPCELL 的 MBD 功能可以根据小区的分布情况，自动为 BSA 记录设置比较合适的 MAR 值。根据经验，在大多数测试区域，MBD 功能可以保证 PN 查找成功率在 80% 以上。当新增基站，或大量基站位置调整后，应使用 SMD 重新计算 MAR 值。

4）AutoFLC：FLC 被定义为传输数据的时间戳和真实传输时间的时间差，用 snapcell 提供的 FLC 优化手段，可提高 AFLT 算法精度。

5）回滚功能：当 BSA 发生大量修改后（例如 MBD），预测新 BSA 的 PN 查找成功率，Snapcell 用新的 BSA 文件，根据 BIN 文件再次计算出 issues 文件，可以和之前的 issues 对比，观察 BS LOOKUP 和 PN LOOKUP 等指标变化，是一种模拟验证修改效果的方法。

## 12. gpsOne定位业务成功的条件有哪些？

（1）被定位终端支持 gpsOne 功能。

（2）被定位终端保持开机。

（3）被定位号码语音、短信、数据网络功能正常，不能欠费停机或双停。

（4）被定位终端在被定位时不能占线。

（5）被定位终端设置正确，包括终端上网设置。保持开启终端上网功能，并将上网接入点设为“CTWAP”。位置功能（GPS）设置，保持开启 GPS 功能。

（6）被定位号码在 gpsOne 定位能力平台存在 MDN/IMSI 对应关系。

（7）被定位号码已开通白名单，包括被定位号码已在 gpsOne 定位能力平台开户，被定位号码已经与发起定位的 SPID 绑定。

（8）被定位号码归属需与 SPID 服务范围匹配。

## 13. gpsOne定位业务有哪些常见故障？

（1）常见故障一

故障现象：每次定位都不成功，并且定位记录中一直报终端侧错误。

导致该问题的原因有：被定位终端不支持 gpsOne、被定位终端没有开通短信或移动上网业务、用户没有开机、用户欠费停机。

对应处理方法：更换支持 gpsOne 的终端、电信营业厅开通短信或上网功能、

用户开机、用户缴费复机。

（2）常见故障二

故障现象：定位有时成功有时不成功，并且定位记录中报终端侧错误。

导致该问题的原因有：被定位终端占线、临时不能上网（因终端设置或信号不好）。

对应处理方法：正确设置上网设置（开启移动网络并设置接入点为“CTWAP”），及时允许定位请求。

（3）常见故障三

故障现象：定位一直不成功，定位记录中为激活短信未下发或未收到响应。

导致该问题的原因有：除了考虑终端原因外，也可能是核心网 HLR、MSC 故障，或定位平台到 HLR、MSC 之间的链路出现故障。

对应处理方法：检查定位平台到 HLR、MSC 之间的信令链路是否正常，相应 HLR、MSC 是否正常运行。

（4）常见故障四

故障现象：在某地点定位不成功，定位记录中为定位平台未能计算定位结果。

导致该问题的原因有：该地区存在 BSA 数据基站缺失；或者定位平台内部问题。

对应处理方法：核查该地区是否有网络调整，更新补齐 BSA 基站数据；核查定位平台内部问题。

（5）常见故障五

故障现象：定位不成功，定位记录中为用户隐私或鉴权问题。

导致该问题的原因有：被定位号码没有在定位能力平台注册开通；被定位号

码没有授权定位服务商定位（没有与发起定位的服务商 SPID 绑定）；白名单设置中默认隐私被设置为“全部拒绝”。定位平台根据用户手机号查询 IMSI 号失败。

对应处理方法：向电信客户经理申请开通后再使用定位业务；正确设置白名单及隐私授权绑定，要先开通白名单再进行定位。确认定位号码是否是电信合法号码。

## 14. 有哪些典型的排障案例？

（1）案例一

某地区 2013 年 5 月 15 日 –21 日的定位数据显示 gpsOne 定位成功率仅为 9.23%。

1）问题分析

① 经核查 CRM 数据，渔信 E 通 4173 用户中，状态正常用户 2276 户，停机 1897 户，停机用户占比 45.46%；

② 通过终端注册管理对 2276 个状态正常号码终端进行分析，1221 部为中兴 C500（占比 53.65%），59 部为其他支持 gpsOne 定位的机型，另外 996 部（占比 43.71%）为不支持 gpsOne 定位的手机终端。

2）优化方案

关于手机号码停机引起大量定位失败问题，基础定位能力合作方、定位产品归属方需定期对定位业务中的用户号码状态进行分析，并通知及指导产品客户进行号码状态恢复、对退订用户停止定位。

关于业务中存在大量手机不支持 gpsOne 定位业务问题，基础定位能力合作方、定位产品归属方，应了解被定位用户使用终端情况，给予终端使用指导。

3）优化效果

优化措施实施后，gpsOne 定位成功率提高到 80% 以上。

（2）案例二

2011年甘肃用户定位误差大，用户在甘肃，但定位后在地图上显示在内蒙古。

1）问题分析

经过在定位平台查询定位日志确认，定位平台计算出来的经纬度没有问题，与甘肃确认所使用的基站数据中的经纬度数据也没有问题。因此建议用户排查 SP 的 GIS 地图数据的准确性问题，后经确认确实是 GIS 地图数据不准确，导致 SP 的应用程序获得定位平台返回的准确的经纬度后，往地图上打印错误导致的误差大。

2）优化方案

更换数据准确的新版 GIS 地图。

3）优化效果

用户定位偏差在合理范围内。

（3）案例三

广东省揭阳市岐山小学室内定位误差大，达到 1000 米。

1）问题分析

核查该区域内基站 BSA 基础字段信息，发现小区“侣云寺 4”扇区中心经纬度距离问题区域较远，且该小区为高山站天线高度设置不合理。附近小区“尖石 2”、“山东围 0”扇区 MAR 值设置过小，造成无法参与定位。

2）优化方案

优化调整“尖石 2”、“山东围 0”MAR 值，调整“侣云寺 4”天线高度及扇区中心经纬度。

3）优化效果

优化后现场复测，室内定位误差最大偏差 343m，最小偏差 77.78m，平均偏差 123.94m，总体结果正常。

# 【总结篇】

本书对位置服务相关的定位技术、产业链、应用以及运营维护四个方面，以问答的形式进行了较为全面和系统的阐述，相信关心位置服务的朋友从各自的角度都可以得到不同程度的了解和收获。任何一种技术、服务或者产业都是随着时代的脚步向前发展的，最后作者想通过对位置服务一些发展方向的抛砖引玉，作为本书的一个小结。

目前的卫星导航系统将向提供更高的定位精度与更广的使用范围的方向发展。比如下一代 GPS 卫星导航系统，该系统称为 BLOCK III，将由 70 ~ 90 颗卫星组成，提供强大的军民两用服务，大大提升定位服务的功能，定位精度由目前的 10 英尺提升到 3 英尺以内，并且能够提供室内定位服务。

随着通信技术的革新和移动互联网对高带宽的业务需求发展，电信运营商对移动网络进行升级更新，从 3G 网络升级到 4G LTE 网络。4G 网络基站分布更加密集，加上 LPP 协议能够全面支持 LTE 网络下 ECID、A-GNSS、OTDOA 以及混合（Hybrid）定位技术，将使得 4G 网络必然能够提供比目前更加优越的定位精度。另一方面，4G 核心网将只保留数据域，移动用户将实现数据永久在线机制，业务平台与用户之间的联系将更加密切，将进一步促进移动互联网定位业务和业务模式的发展。

地理围栏（Geo-fencing）将成为 LBS 的一种新应用。地理围栏技术 10 年前便已出现，但是迅速发展的混合定位技术赋予了地理围栏新的生命。现在地理围栏区隔是一个个的应用需求群区域，主要的商业需求聚集在一起形成的一个聚合信息服务区域。位置社交网站就可以帮助用户在进入某一围栏时自动登记，可应用于精确营销、智能购物、个人助理、家庭成员 / 朋友的发现、智能家居等领域。苹果、百度等公司都推出了自己的地理围栏技术，大量开发者利用百度地理围栏 SDK 开发相关应用，精彩创意层出不穷。

智能家居可能是 LBS 的又一个应用热点。近期随着小米路由、海尔路由、华为荣耀立方、迅雷路由、极客路由等的相继发布，智能家居的理念逐渐成熟，家庭智能路由器将成为家庭智能家居的控制核心，与 LBS 结合将为人们提供更加便利的智能生活。比如海尔路由器可自动检索用户手机位置，当进入离家 300 米范围内，路由器便会启动回家模式，热水器、空调自动启动，灯光、背景音乐等在开门的瞬间同时开启。这些服务不再需要用户掏出手机来控制，而只需将定位功能保持开启状态；机器仿佛具备了思考能力，会“主动”提供服务。

物联网对 LBS 需求巨大。M2M 是机器对机器（Machine-To-Machine）通信的简称。目前，M2M 重点在于机器对机器的无线通信，存在以下三种方式：机器对机器，机器对移动电话（如用户远程监视），移动电话对机器（如用户远程控制）。预计未来用于人对人通信的终端可能仅占整个终端市场的 1/3，而更大数量的通信是机器对机器（M2M）通信业务。目前机器的数量至少是人类数量的 4 倍，因此基于 M2M 的物联网对于 LBS 具有巨大的市场潜力。

LBS 与大数据紧密结合。大数据技术让人们的行为全面进入可测量的阶段，通过数据分析给人们贴上不同的标签属性，比如年龄、性别、职业、偏好、位置等，利用各种属性的切割和类聚，提炼有价值的信息，服务于各行各业。定位服务产生的数据恰恰给大数据分析提供了用户行为中非常重要的“地理位置”这样一个标签，这个标签使得用户的位置行为轨迹可以被记录和预测。当人们的位置属性与其属性结合在一起时，会发生意想不到的积极效果。例如在政府及公共安全方面，春运、节假日期间对火车站、长途汽车站等重点区域提供客流监控与引导；发生地震、海啸、火灾、重大交通事故等灾害时对特定区域人群提供紧急通知和疏导；提供城市人口分布和流动特点支持市政规划等。典型的例子是 2014 年 1 月 25 日晚间，央视与百度合作，启用百度地图定位可视化大数据播报春节人口迁徙情况，该项目利用百度 LBS 定位数据进行计算分析，展现春节前后人口大迁徙轨迹与特征。百度能做出“百度迁徙”产品，很重要的原因是，百度过去几年大规模对云计算的投入，拥有很大的数据中心、有自主设计服务器，能把数以亿级，数以千亿级的数据实时、安全地存储下来，在这些基础上建立云计算，有海量数据处理大规模的调度软件。因此可以说“百度迁徙”是定位数据与大数据技术融合的产物。

在当今移动互联网浪潮中，以上对于 LBS 发展几个方面的介绍可能仅仅是 LBS 未来发展的一小部分，更多更广的 LBS 发展和应用等待每一位移动互联网开发者、经营者以及使用者来共同创造，相信 LBS 服务的发展前景欣欣向荣，为人们提供更加积极美好的生活方式！